U0180013

"十三五"国家重点图书出版规划项目

中国城市建设技术文库

Research on the Conservation of
Cultural Heritage and Historic Buildings in Urban Planning

城市规划中的
文化遗产及历史建筑保护研究

李伟巍　王爱风　著

华中科技大学出版社
http://www.hustp.com
中国·武汉

图书在版编目（CIP）数据

城市规划中的文化遗产及历史建筑保护研究 / 李伟巍，王爱风著 . –– 武汉：华中科技大学出版社，2020.9
（中国城市建设技术文库）

ISBN 978-7-5680-6494-1

Ⅰ . ①城… Ⅱ .①李…② 王… Ⅲ .①文化遗产 – 保护 – 研究 – 中国②古建筑 – 保护 – 研究 – 中国 Ⅳ.①K203
②TU-87

中国版本图书馆 CIP 数据核字（2020）152178号

城市规划中的文化遗产及历史建筑保护研究 李伟巍 王爱风 著
Chengshi Guihua zhong de Wenhua Yichan ji Lishi Jianzhu Baohu Yanjiu

出版发行：华中科技大学出版社（中国·武汉）	电话：(027) 81321913
地　址：武汉市东湖新技术开发区华工科技园	邮编：430223

策划编辑：张淑梅	版式设计：河北优盛文化传播有限公司
责任编辑：赵　萌	责任监印：朱　玢

印　　刷：定州启航印刷有限公司	
开　　本：710 mm×1000 mm　1/16	
印　　张：11.25	
字　　数：175千字	
版　　次：2020 年9月第1 版第1次印刷	
定　　价：58.00 元	

投稿邮箱：zhangsm@hustp.com
本书若有印装质量问题，请向出版社营销中心调换
全国免费服务热线：400-6679-118 竭诚为您服务
版权所有 侵权必究

前　　言

　　城市中的文化遗产和各式各样的历史建筑，无疑是一个城市的历史载体，承载着整个城市的历史变迁。随着城镇化建设进程的加快，在当前城市规划以及发展过程中，更应当重视对文化遗产的保护，并且加大对历史建筑的保护力度，以确保其价值和意义的延续。尽管我国已建立起历史文物建筑、历史街区、历史城镇保护的多层次保护体系，但到目前为止，保护工作仍主要立足于国家保护框架的基础上，保护对象的覆盖面窄，保护资金严重不足，缺乏广泛的社会基础。这种保护模式在实践中已暴露出严重的欠缺，导致保护的目的难以达到。因此，重新审视现有的保护理论，探寻适宜的保护方法是历史遗产保护的必然要求。

　　本书属于城市规划中文化遗产与历史建筑保护方面的著作，内容包括城市规划中历史文化遗产保护、保护历史遗产的资源价值、历史文化遗产资源保护与传承、城市规划中历史建筑的保护和利用、城市规划中历史建筑的修复、历史建筑的再生空间以及历史建筑的保护与改造设计案例等。全书以文化遗产与历史建筑保护为研究对象，通过分析城市建设及发展过程中对文化遗产和各式各样的历史建筑的保护、传承、利用、修复，阐述城市文化遗产是其建设与发展的基础，对城市规划中历史建筑、文化遗产保护和修缮方面的研究者和从业人员均有学习和参考价值，亦可为相关文化遗产和历史建筑研究者提供参考借鉴。由于编者水平与经验有限，书中不足和疏漏之处难免，敬请读者予以指正。

目　录

第一章　城市规划中历史文化遗产保护

一、历史遗产保护概述

（一）遗产的概念

1.遗产

"遗产"一词在我国文献中始见于《后汉书·郭丹传》，"家无遗产，子孙困匮"，至宣统年初（1909年），指祖先遗留的物质财产。时至今日，经过不断演变和拓展，其内涵和外延早已超出了本义。我们应该把它理解为历史的证据，它是当今社会对历史的继承和传递，是联系过去、现在和未来的纽带。

国际古迹遗址理事会（ICOMOS）大会于1999年10月在墨西哥通过了《国际文化旅游宪章》，该宪章中定义遗产为一个宽泛的概念，包括自然的和文化的环境，也包括景观、历史场所、遗址和建成环境，还有生物多样性、收藏品、过去以及正在进行的文化实践、知识和生活经历。它记录并表现历史发展的漫长过程，形成不同民族、宗教、本土和地区特性的要素，并且是构成现代生活不可或缺的一部分。

2.文化遗产

在遗产保护领域，遗产包括文化遗产和自然遗产。文化遗产是人类文明进程中各种创造活动的遗留物，是历史的证据。文化遗产根据遗产的物质属性不同分为"物质文化遗产"和"非物质文化遗产"两个基本类型。而根据文化遗产的空间属性不同分为"可移动文化遗产"和"不可移动文化遗产"两个基本类型。自然遗产是指自然界在进化和演替过程中形成的地质地貌、生物群落与物种，以及生态景观。

联合国教科文组织于 1972 年 10 月 17 日—11 月 21 日在巴黎举行的第十七届会议上，订立了《保护世界文化和自然遗产公约》，在公约中，把以下各项定义为"文化遗产"：

①从历史、艺术或科学角度看，具有突出的普遍价值的建筑物、碑雕和碑画，具有考古性质成分或结构、铭文、窟洞以及联合体。

②从历史、艺术或科学角度看，在建筑式样、分布均匀或与环境景色结合方面具有突出的普遍价值的单立或连接的建筑群。

③从历史、审美、人种学或人类学角度看，具有突出的普遍价值的人类工程或自然与人联合工程以及考古遗址等地方。

《保护世界文化和自然遗产公约》所定义的"文化遗产"内容大体相当于 2002 年《中华人民共和国文物保护法》（下文简称《文物保护法》）所指"古文化遗址、古墓葬、古建筑、石窟寺、石刻、壁画、近代现代重要史迹和代表性建筑等不可移动文物"。

2005 年国务院发布《关于加强文化遗产保护的通知》，阐明"文化遗产"包括"物质文化遗产和非物质文化遗产"。"物质文化遗产"的概念综合了《文物保护法》内容，包括"不可移动文物"一类中"古遗址、古墓葬、古建筑、石窟寺、石刻、壁画、近代现代重要史迹及代表性建筑等"，以及"在建筑式样、分布均匀或与环境景色结合方面具有突出普遍价值的历史文化名城（街区、村镇）"。人们通常在使用时也会将"文化遗产"作为一个整体的概念，此即《关于加强文化遗产保护的通知》所指之"物质文化遗产"，综合概括可移动文物与不可移动文物。

3.建筑遗产

随着"遗产"的概念被普遍接受和使用，人们也逐渐熟悉和习惯使用"建筑遗产"（architectural heritage）这一词语，或称为"建筑文化遗产"。

建筑遗产无疑属于文化遗产，是文化遗产中的一种类型，是物质的、不可移动的文化遗产。根据文化遗产的定义，建筑遗产就是人类文明进程中各种营造活动所创造的一切实物。具体地说，包括各种建筑物、构筑物，城市、村镇，以及与它们相关的环境。建筑遗产的基本属性，是有形的、不可移动的、物质性的实体。即使这个实体并非完整无缺，发生了各种情况、各种程度的损毁，也不影响其有形的、不可移动的、物质的属性。

1975 年是由欧洲理事会发起的"欧洲建筑遗产年"，欧洲议会通过了《建筑遗产欧洲宪章》。根据宪章，建筑遗产不仅包含最重要的纪念性建筑，还包括那些位于古镇和特色村落中的次要建筑群及其自然环境和人工环境。建筑遗产中所包含的历史，为形成稳定、完整的生活提供了一种不可或缺的环境品质。作为人类记忆不可或缺的组成部分，建筑遗产应以其原真的状态和尽可能多的类型传递给后代。否则，人类意识自身的延续性将被破坏。建筑遗产是一种具有精神、文化、社会和经济价值的不可替代的资本。

在我国，从 20 世纪 90 年代开始，随着我国与国际遗产界交流的增多和世界遗产各方面工作的展开，"遗产"概念与文物的关系及其在物质层面的意义逐渐被了解、被重视。各种学术论文、著作逐渐开始使用"遗产"概念，媒体也随之使用。但是长期以来对"文物"概念的使用习惯阻碍了"遗产"概念进入我国的法律文件，以《文物保护法》为核心的文化遗产法律体系都使用的是"文物"一词，在实际的管理中自然也是如此，文物保护单位、文物部门、文物事业等名称早就被接受成为默认用法。所以，在我们的遗产保护领域，"遗产"概念是隐含在"文物"概念之下的。但是就内涵、外延的包容性与广度而言，"遗产"概念是大于"文物"概念的。

中国的建筑遗产大致可分为三大部分：

①以官式建筑为主的古典建筑遗产；

②分布于各个地域的风土建筑遗产；

③西方建筑影响下的近现代建筑遗产。

随着时代的变迁，第一部分建筑遗产所产生的历史功用多已改变，因而大多已成为标本式的死"遗产"，第二和第三部分建筑遗产，却因生活形态的存留或对现代功能的适应，大多仍是旧体新用的"活"遗产。

一座巨大的城市博物馆，是一种标本，一种特例，实际上绝大多数城市既不可能也不应该维持原封不动的状态，有"延"有"续"才是健康的城市保护和再生观。

（二）保护

"保护"作为遗产保护理论的术语和概念体系中一个重要且基本的概念，是一个具有丰富内容的专业性概念。对于"保护"这一概念，不仅要进行严格的、科学的定义，同时也要随着遗产保护进程的推进进一步探讨和调整。

国际遗产界对"保护"（conservation）概念的理解和定义是一直在变化和扩展的（表1-1）。

表1-1　国际遗产界对"保护"概念的定义

名称	时间	内容
《威尼斯宪章》	1964	"保护"概念是针对遗产的物质层面的，属于抗销蚀的工程技术行为，其目的在于尽可能长久地保存作为物质实物的遗产。主要的措施是"维护"（maintenance）（日常的，持久的）和"修复"（restoration）（指保存和再现遗产的审美和历史价值的技术行为）
《内罗毕建议》	1976	对"保护"的定义是"鉴定、防护（protection）、保护、修缮、复生、维持历史或传统的建筑群及它们的环境并使它们重新获得活力"，增添了使遗产重生、恢复生命力的非物质层面的新内容
《巴拉宪章》	1979	"保护"概念包含更为广义的内容，保存（preservation）、保护性利用（conservative use）、保持遗产（与人）的联系及意义（retaining associations and meanings）、维护（maintenance）、修复（restoration）、重建（reconstruction）、展示（interpretation）、改造（adaptation）

续　表

名称	时间	内容
《魁北克遗产保护宪章》Deschambault Charter for the Preservation of Quebec's Heritage	1982	阐释"保护"概念的视野更为开阔，以发展作为前提去制订保护措施、实施保护，而保护的目的就是使遗产具有可利用性、能融入人们的生活
《奈良文件》	1994	对"保护"的定义是"用于理解文化遗产、了解它的历史及含义，确保它的物质安全，并且按照需求确保它的展示、修复和改善的全面活动"，将"保护"概念扩展到了非物质层面，开始关注遗产与人的精神关联，人类应当通过理解遗产蕴涵的内在意义去建立人与遗产之间的关系

我国《文物保护法》（2013 年修订）对"保护"是直接应用的，没有进行定义。根据具体的条文内容来理解，《文物保护法》所应用的"保护"主要是指"修缮""保养"这样的工程技术行为。同时列举的"迁移""重建"就行文来看应该是区别于"保护"的行为活动。

2000 年国际古迹遗址理事会中国国家委员会制定的《中国文物古迹保护准则》（第一章总则第二条）对"保护"明确给出了定义："保护是指为保存文物古迹实物遗存及其历史环境进行的全部活动。""保护"的具体措施主要是修缮（包括日常保养、防护加固、现状修整、重点修复）和环境整治，把"保护"行为的实施对象从遗产本体扩大到了与遗产相关的周围环境。在《中国文物古迹保护准则·案例阐释》（2005 年，征求意见稿）的案例解说中，对"保护"概念继续进行了补充和阐释："保护不仅包括工程技术干预，还包括宣传、教育、管理等一切为保存文物古迹所进行的活动。应动员一切社会力量积极参与，从多层面保存文物古迹的实物遗存及其历史环境。"这就把"保护"从单一的工程技术行为拓展为综合了保护工程技术、宣传、教育、管理的社会行为。

对"保护"概念的定义和理解不能只局限于物质的工程技术干预行为

而忽略了"保护"所具有的非物质层面上的重要意义;不仅要重视作用于遗产本体的工程技术干预行为,还要重视遗产同相关环境在时间与空间上的联系;遗产的"利用"和遗产的"展示"都属于"保护",而且是"保护"行为活动中的重要内容。没有"利用"和"展示"的"保护"是不完全的、不科学的。如果没有将"利用"和"展示"作为"保护"的内容来实施、操作,就会导致实践中利用和展示同"保护"的割裂,甚至是矛盾、对立,产生不利于"保护"、有损于"保护"的结果;"保护"的工程技术干预行为不能仅考虑静态遗产,还要考虑动态遗产不同于静态遗产的特点和保护要求。

因此,所谓"保护",是指理解建筑遗产本体及其相关历史环境并使它们保持安全、良好状态的一切行为活动,具体包括研究、工程技术干预、展示、利用、改善及发展、环境修整、教育、管理等多方面的内容。

保护的具体实施均应以历史建筑的法定身份、保护分级、保存状态和使用性质为依据,具体问题具体分析。不同案例不同对待,以原则约束策略,以策略活用原则。保护本身是手段而非目的,保护的主要目的在于保存体现其价值的历史信息的"原真性"与"完整性"。历史保护涉及价值判断、规则控制和具体的技术操作。对于我国的历史建筑保护而言,时下最紧迫的任务是保护观念的普及和保护法律法规的健全。

(三)遗产保护体制

目前就世界范围而言,为各国所采用的遗产保护体制基本上有三种类型:指定制、登录制、指定制和登录制并用。

1.指定制

指定制是由政府专门的遗产保护机构或部门,根据国家制定的遗产评定原则或标准,选定符合条件的各类物质或非物质遗产,同时确定其保护级别。被指定的遗产由国家相关部门负责管理和实施保护,由国家提供维护和修缮所需的经费及其他资源条件。

我国实行的就是指定制。认定的标准和办法由国务院文物行政部门制定,并经国务院批准。《文物保护法》(2013年修订)"第一章总则"的第二条说明了文物认定的标准:

①具有历史、艺术、科学价值的古文化遗址、古墓葬、古建筑、石窟寺和石刻、壁画。

②与重大历史事件、革命运动或者著名人物有关的以及具有重要纪念意义、教育意义或者史料价值的近现代重要史迹、实物、代表性建筑。

③历史上各时代珍贵的艺术品、工艺美术品。

④历史上各时代重要的文献资料以及具有历史、艺术、科学价值的手稿和图书资料等。

⑤反映历史上各时代、各民族社会制度、社会生产、社会生活的代表性实物。

符合上述标准就可成为文物。

2.登录制

登录制是由遗产的所有者提出申请，经过政府有关部门调查、评定，达到国家制定的遗产标准即可登录成为遗产，受到国家的保护，同时根据登录标准划分保护级别。登录遗产的所有者要依据国家的保护法律、法规对拥有的登录遗产进行日常性的管理和维护，以及周期性的、必要的修缮。国家对于登录遗产实施各项优惠政策，对其所有者进行的管理、维护及修缮等保护工作给予技术上、经济上的指导与支援。登录制度主要适用于建筑遗产这类不可移动文化遗产的保护。

（1）英国是实行登录制度较早且较典型的国家

英国的文物建筑登录制度创始于1944年的《城乡规划条例》，第一批文物建筑的登录工作也从这一年开始。

文物建筑登录的评定标准是由英国文物建筑委员会拟定的。首先是以建造时间作为评定的基本条件：

①建于1700年以前，且保持原状的。

②建于1700—1840年的大部分建筑，经过选择的。

③建于1840—1914年的建筑，除属于某建筑群的以外，有一定质量和特点的，或是重要建筑师的代表作。

④1914—1939年，经过挑选的建筑。

在满足建造时间这个基本前提下，再根据具体的内容进行评定：

①说明社会史和经济史的建筑类型（包括工业遗址建筑、火车站、学校、医院、剧场、市政厅、交易所、济贫院、监狱等）中有特殊价值的。

②显示技术进步、技术完善的建筑物，如铸铁建筑、早期混凝土建筑、预制建筑等。

③与重要历史人物、事件有关的建筑物。

④有建筑群意义的建筑物。

符合以上这些评定内容之中一项者即可成为登录文物建筑，其类型包括建筑物、构筑物和其他环境构件。

登录文物建筑划分为三个保护等级：第Ⅰ级——具有极重要的价值，绝对不能拆毁；第Ⅱ级——具有极高的价值，除非特别情况不能拆毁；第Ⅲ级——具有群体价值，没有真正特殊的建筑或历史价值。1970年调整了保护等级，第Ⅰ级保持不变，选择第Ⅱ级中的重要文物建筑改为第Ⅱ*级，其余的第Ⅱ级文物建筑和绝大部分的第Ⅲ级文物建筑划入第Ⅱ级，原来的第Ⅲ级取消。原来的保护要求不变。第Ⅰ级、第Ⅱ*级文物建筑由中央政府统一管理，第Ⅱ级文物建筑由建筑所在地的地方政府管理。

登录工作的程序是先由文物建筑专家对申请登录的建筑物进行实地调查和评估，将符合登录标准的文物建筑列入预备名录公开发表，以听取社会各方，包括地方政府、各保护团体、有关人士及公众的意见。若没有反对意见，就可以由国家遗产部（Department of National Heritage）进行正式的认定，成为登录文物建筑。这一最终结果将以书面文件形式通知该文物建筑所在的地方政府，然后通知文物建筑的所有者。

由登录文物建筑的保护级别与保护要求的规定可以看出，对于登录的文物建筑，英国政府是允许对其进行改动，甚至拆除的。这些针对文物建筑的改动（包括改建、扩建，外观及内部装修的改变等）或拆除，必须事先获得规划部门的批准。因为文物建筑的登录制度是城市规划体系中一个重要的组成部分，是纳入在城市规划体系之中运作生效的。登录文物建筑的所有者在对拥有的文物建筑进行任何的改动前都必须获得规划部门的"规划许可"，这样就是为了控制登录文物建筑的所有者对文物建筑随意进行改动，防止因改动可能会造成的对文物建筑的不利影响或破坏。规划部门将登录建筑的所有者申请的具体改动内容公之于众，听取各有关人士、机构和当地居民的意见，以此作为批准与否的参考依据。同时，还要征询地方保护官员的意见。最后的决定是综合考虑申请改动的登录文物建筑的保护等级、改动的具体内容与程度、改动会造成的最终结果（包括改动对周围环境的影响）等多方面因素而得出的。

（2）美国的遗产保护登录制度

美国的登录文物是指对于国家、州或地方具有历史、建筑、考古、文化意义的历史场所（historic places），包括地区（districts）、遗址（sites）、建筑物（buildings）、构筑物（structures）及物件（objects）五种类型。其登录的前提条件是具有 50 年以上历史，然后符合下列标准之一者可成为国家的登录文物：

①与重大的历史事件有关联；或与历史上的杰出人物有关联；或体现某一类型、某一时期的独特个性的作品。

②大师的代表作。

③具有较高艺术价值的作品。

④具有群体价值的一般作品；或能够提供史前的、历史上的重要信息。

美国的遗产保护是地方性的，联邦政府只对那些依靠中央投资或者需要联邦政府发给执照的保护项目有权干预，其他均由地方政府自行管理。政府对登录遗产不提供直接的资金援助，只通过税收上的种种优惠待遇体现其特殊身份。政府对登录遗产的所有者进行的改动不进行严格的管理和控制。虽然直接作用于登录遗产本身的政府保护行为似乎很少、很简化，但是政府的保护作用从其他的方面表现出来。比如对于可能会对相关的遗产产生不良影响的公共工程，或大型的开发项目、城市更新、高速公路建设等，联邦政府及州政府控制、管理得比较严格。如果确认有不良影响，工程会被要求停止，或者经过相关的各社会团体以及保护协会、遗产所有者等利益各方协商提出能够消除其不良影响的补救方案，或者提出使不良影响保持在最低程度的可行方案后才可继续进行。

就整个国家来说，美国实行的是登录制度，在不同的地区，地方政府

也常常根据本州、本市镇具体的遗产状况制定地方性的遗产保护制度。比如纽约市，就根据其历史保护条例指定了一大批历史建筑及构筑物为遗产，其中包括地标性的单体建筑，由建筑物及构筑物群组成的历史性地区、历史景观等。通过这种以政府为主体的认定，使这些历史场所得以在现代都市中更好地保存。

英国、美国等国家实行登录制度是有其现实的原因的。只有经由所有者提出、征得所有者同意，国家才能够将其个人所有的建筑物确定为遗产。登录制的这一基本特点在保护实践中往往就成了它的弱点，因为会有人从个人角度、个人原因出发（如登录为遗产后私人利益受损，或者要接受政府有关部门的管理和监督，麻烦、不自由等）拒绝将自己的私产登录为遗产，或者为避免登录而对私有的、可能成为遗产的建筑物进行改造甚至拆除。要解决登录制自身存在的这种实际问题，只加强法律的保障是不够的，还需要进一步完善登录制度本身，使政府的管理和控制措施更为严密有效。当然，最重要的是通过政府的积极引导、教育和鼓励，得到公众更为广泛、自觉的支持和配合。

（3）登录制与指定制的比较

指定制与登录制在具体操作方式、达成的结果等诸方面有着各自不同的特点。指定制是以国家的力量和能力去实施保护，被认定的遗产能够在资金、技术、管理等多个方面得到政府与专业保护机构的良好支持与指导，能够保持比较理想的保护状态。但是相对于需要得到保护的遗产的整体而言，政府和专业保护机构能够投入的财力、人力总是有限的，把散布在各处的、全部的现存遗产都纳入国家保护范围之内的难度很大。登录制所具有的特点是公众认知、公众参与和专业评估、认定相结合的遗产选定方式。基于这种方式，政府和专业保护机构进行宏观控制、管理和指导与遗产所有者自主实行的具体保护行为共同构成灵活的保护操作方法，恰好能够弥补指定制在遗产保护的全面性、广泛性方面的不足。而从登录制的本质上来说，它体现的正是保护方法的多样化。

登录制的最大优势在于能够尽可能大范围地保护遗产，能够广泛地深入到社会生活的各个层次，通过登录过程中的提名、选择、评价等一系列步骤、程序，唤起公众对遗产保护的关注和兴趣，使人们意识到遗产保护与自身生活之间存在的种种联系或利害关系，从而激发和促使公众参与到遗产保护的实践活动当中。同时，这种广泛性和公众基础也赋予了遗产保护工作丰富、多样的地域特点，因为不同的地域，其历史、传统、文化的差异性使得保护工作的具体内容、保护手段的实施方式、保护技术以及遗产保护与社会生活的密切程度等诸多方面呈现出多样性和丰富性。

登录制适用于对建筑遗产的保护，对于数量可观、分布广泛、具有实用功能、存在状态复杂、与现实生活关系最为密切的建筑遗产特别能够表现出它的优势。

登录制能够实行，需要调动和依靠社会各方面的力量。而公众的遗产意识和价值取向是登录制的基础，没有社会对于遗产保护的普遍关注和价值观上的认同，登录制度是难以实行的。政府关于登录制完备的法规政策，对于登录遗产的行为的鼓励和褒扬，对登录遗产及所有者给予的资助与各种优惠政策是登录制得以实行的保障。

相对于指定制而言，登录制的意义不仅在于能够更大范围地保护遗产，更重要的是能够广泛地唤起公众的保护意识，因为公众的保护意识对于遗产保护事业的良性发展是至关重要的，只有政府有关部门和少数专业人士从事的保护事业是不能更多、更全面、更好地保护遗产的。

3. 指定制 + 登录制

指定制与登录制相结合的双轨制是以指定制为主体，以登录制为补充的遗产保护体制。其特点在于综合了两种保护体制的优势，既有专业保护部门实施的"点"的保护，又有以公众参与为基础的"面"的保护。

目前采用双轨制的国家有法国和日本。

（1）法国

法国是世界范围内较早制定保护建筑遗产法律的国家之一，1887年即出台了《建筑保护规则》，1913年《历史纪念物法》的颁布施行为以后的各项保护法规、政策的制定确立了框架和基础。双轨制也就以立法的形式很早被确定下来。双轨制在法国的建筑遗产保护中，既是并行的两种保护方式，也是保护、管理的两个层次。两种层次的建筑遗产，一是被列为建筑保护单位的建筑（CHM），二是登录到建筑遗产清单上注册备案的建筑（ISMH）。法国的建筑遗产即由列级的和登录的两类建筑组成。列级的建筑遗产是在登录的建筑遗产中经过再次选择确定的。这两个层次的建筑遗产都同样必须依照、遵循国家制定的各项保护政策与法规、条例，对它们进行任何改变都要受到政府保护部门的严格控制。

（2）日本

日本一直实行的是文化财指定制，1990年开始导入登录制。1950年《文化财保护法》是日本第一部全面的关于遗产保护的国家法律，该法确立了文化财指定、保护与管理、利用的一整套制度。

《文化财保护法》规定的国家指定文物的类型及指定标准分别为：

①有形文物，即在历史上或艺术上价值很高的东西，包括建筑物，传统美术工艺品——绘画、雕刻、工艺品、书籍、古文献、考古资料、历史资料等。其中特别指定了"重要文物"，重要文物中特别优秀的、具有突出代表意义的精品被指定为"国宝"。

②无形文物，包括戏剧、音乐、传统工艺技术等。其中特别指定了"重要无形文物"。

③民俗文物，包括无形的生活方式、风俗习惯、传统职业、信仰及有形的各种生活器具、服装。其中特别指定了"重要无形民俗文物"及"重要有形民俗文物"。

④纪念物，包括三种类型：一是历史上或艺术上价值很高的遗址——贝冢、古坟、都城、旧宅；二是艺术上或观赏方面价值很高的名胜——庭园、桥梁、峡谷、山岳……三是学术价值很高的动物（包括生息地、繁殖地及迁徙地）、植物（包括原生地）、地质矿物（包括产生特异自然现象的土地）。其中特别重要的分别指定为"特别史迹""特别名胜""特别天然纪念物"。

⑤传统建筑物群，即和周围环境一体、形成历史风貌的、具有很高价值的建筑物群。在1975年《文化财保护法》修改之前，日本的文物保护只限于单体建筑，建筑群以及由建筑物构成的街道则不在保护范围内，修改之后

才建立了传统建筑物群保存地区的制度。其保护层次也分为两个，"传统建筑物群保存地区"和"重要传统建筑物群保存地区"。

指定文物制度体现的是一种从国家的角度出发，进行重点保护、精品保护的文物保护策略和思路。这样的保护策略一方面使指定文物因国家提供的充分的资金与技术支持而得到精心的、良好的保护和管理，另一方面使相当数量的、价值不如指定文物突出和重要的文物建筑处在缺乏保护、缺乏管理的状态，在城市更新和新的开发建设中面临改造、拆除、破坏等各种情况。在这种状况下，登录制被引入，作为指定制的补充和完善。登录的对象是有形文物中的建筑物，条件为建成 50 年以上者，满足下列标准之一即可成为登录文物：

①有助于国土的历史景观。

②成为造型艺术的典范。

③不易再现。

登录制不强调建筑物在某个特定方面的价值或重要性，只要从整体来看有价值就可以了。登录建筑的所有者同样要依据《文化财保护法》及有关法令对登录文物进行日常管理之外的周期性的必要的修缮，由文化厅提供适当的技术指导。

（四）历史遗产保护基本原则

随着社会的不断进步，世界遗产保护理论和保护理念也不断发展、更新，但原真性和完整性仍然是在保护世界遗产时必须遵守的两个非常重要的基本原则。它们不但是衡量遗产价值的标尺，更是遗产保护工作中需要依据的关键原则。

1.原真性原则

"原真性"（authenticity）一词源于拉丁语，其英文本义是表示真的、而非假的，原本的、而非复制的，忠实的、而非虚伪的，神圣的、而非亵渎的含义。❶最初在中世纪时，"原真性"主要用于宗教，指宗教经本及宗教遗

---

❶　阮仪三，林林.文化遗产保护的原真性原则 [J].同济大学学报：社会科学版，2003（2）：1.

物的真实性。随着西方文明进程的发展，"原真性"涉及的对象扩大至哲学、语言学、传播学、文物建筑保护修复等领域。

1964 年颁布的《保护文物建筑及历史地段的国际宪章》（即《威尼斯宪章》）肯定了历史文物建筑的重要价值和作用，提出"将它们真实地、完整地传下去是我们的职责……并以尊重原始材料和确凿文献为依据。一旦出现臆测，必须立即予以停止。"❶这不仅是在一定程度上对原真性问题的关注和回答，而且奠定了原真性在文化遗产保护中的意义，使之成为现代文化遗产保护理论中的核心思想之一。

1994 年《奈良原真性文件》（简称《奈良文件》）在对已有的国际性文件作了进一步完善和补充的同时，对"原真性"再作了详细的诠释："对文化遗产的所有形式与历史时期加以保护是遗产价值的根本，出于对所有文化的尊重，必须在相关文化背景之下来对遗产项目加以考虑和评判。"

在《实施世界遗产公约操作指南》中提出，要依据文化遗产的类别及其文化背景实施操作。如果遗产的（申报标准所认可的）外形和设计、材料和实质、用途和功能、传统技术和管理体系、位置和环境、语言和其他形式的非物质遗产、精神和感觉、其他内外因素等特征真实可信，就被认为是具有原真性的。

值得注意的是，《威尼斯宪章》虽在遗产保护中占据着十分重要的地位，但也有一定的局限性。它只是基于原真性原则来解决西方砖石建筑的保护和修复工作，而忽略了一些以木材为主要建筑材料的非西方国家的实际情况。《奈良文件》对此做出改变，针对文化的多样性和遗产的多样性，提出不同地域、不同文化的建筑要依据自身实际情况进行妥善的保护与修复，进一步扩充和丰富了"原真性"原则的内涵。

随着社会发展，各国不断加深了对原真性原则的理解和认识，不断丰富和扩充了它的内涵。但是，"原真性"原则所表明的立场从始至终并没有

---

❶　联合国教科文组织世界遗产中心，国际古迹遗址理事会，国际文物保护与修复研究中心，中国国家文物局.国际文化遗产保护文件选编[M].北京：文物出版社，2007.

发生变化，即无论采取何种技术措施，都要是以尊重文化遗产自身客观、完整、全面的信息传达作为工作开展的最基本原则。❶

2. 完整性原则

"完整性"一词来源于拉丁语 integritas，即完整的性质和没有受损害的状态。现在在世界遗产保护中提到的"完整性"是指文物古迹及其特征的整体性和完好性。从《威尼斯宪章》到《西安宣言》，完整性原则的内涵在不断发展和深化，保护范围也从单体文物不断扩大到复合遗产，对文化遗产保护事业有着深远的影响。

"完整性"是在《威尼斯宪章》（1964 年）中首次提出的："古迹的保护包含着对一定规模环境的保护。"❷"古迹不能与其所见证的历史和其产生的环境分离。"

《阿姆斯特丹宣言》（1975 年）强调，建筑遗产不仅包括单体建筑及其周边环境，还包括城镇和乡村中的所有具有历史和文化意义的地区。《关于历史地区的保护及其当代作用的建议》（1976 年，即《内罗毕建议》）中提出"每一历史地区及其周围环境应从整体上视为一个相互联系的统一体，其协调及特性取决于它的各组成部分的联合，这些组成部分包括人类活动、建筑物、空间结构及周围环境。因此一切有效的组成部分，包括人类活动，无论多么微不足道，都对整体具有不可忽视的意义"。

作为《威尼斯宪章》的补充，在《保护历史城镇与城区宪章》（1987 年，即《华盛顿宪章》）中规定了历史城镇与城区的保护原则、目标及方法，提出"所要保存的特性包括历史城镇和城区的特征以及表明这种特征的一切物质的和精神的组成部分"。

2005 年《西安宣言》深化了完整性的概念，界定了古建筑、古遗址和历史区域的周边环境，指出"除了实体和视角方面的含义之外，周边环境还

---

❶ 袁方. 基于"原真性"原则下的历史街区肌理、材料、色彩研究 [D]. 西安：西安建筑科技大学，2013.

❷ 联合国教科文组织世界遗产中心，国际古迹遗址理事会，国际文物保护与修复研究中心，中国国家文物局. 国际文化遗产保护文件选编 [M]. 北京：文物出版社，2007.

包括与自然环境之间的相互关系；所有过去和现在的人类社会和精神实践、习俗、传统的认知或活动、创造并形成了周边环境空间中的其他形式的非物质文化遗产，以及当前活跃发展的文化、社会、经济氛围"。

　　总之，在文化遗产保护实践中，随着人类生存观念的变化，人们对文化遗产价值和意义的认识在不断深化。文化遗产保护已经逐渐从最初关注遗产本体的保护扩展为对遗产及其周边环境的关注；从有形物质遗产的保护到有形物质遗产、遗产周边环境及其包含的文化、情感等非物质文化遗产的全面保护。如今的完整性涵盖了有形和无形、人工和自然、历史和现在等多方因素的完整性。它不仅包括物质形态、结构的完整，还包括文化精神与情感上的完整。所以，只有将物质遗产和非物质遗产价值整体纳入保护范围，才能真正保护遗产及其价值。

二、城市规划与历史文化遗产保护的基本关系

　　历史文化遗产不仅是人类共同拥有的宝贵财富，也是城市独特而卓越的文化的代表。保护珍贵的历史文化遗产是每个公民应尽的责任和义务，但与此同时，在城市发展进程中，不可忽视的人口增加、交通堵塞、资源紧缺、污染严重、遗产损毁、文化缺失等日益严重的"城市病"正威胁着城市中的历史文化遗产，也限制着城市本身的发展，最终使城市发展和历史文化遗产保护两个看似并不平行的事件出现了交集。总体而言，二者的关系是既相互制约又相互促进。

（一）互相制约

1.城市发展侵蚀文化遗产

　　《关于保护受公共或私人工程危害的文化财产的建议》（1968年）中指出："由于工业的发展和城镇化的趋势，那些远古的、史前的及历史的古迹遗址以及诸多具有艺术、历史或科学价值的现代建筑正日益受到公共和私人工

程的威胁。" ❶城镇化进程加速导致了城市发展与文化遗产之间持续的"空间之争"。随着城镇化进入加速阶段，城市开始迅速扩张，一部分政府以经济发展和迅速致富为主要目标，或者某些地方政府官员目光短浅，文化遗产常被视为城市发展的负担和累赘。城市现代化建设中的大拆大建，拆旧建新，毁灭性破坏了许多具有历史文化价值的文物保护单位、历史街区和历史建筑物。即使近些年我国全民遗产保护意识有所提升，但珍贵的文化遗产湮灭在城镇化进程中的事件仍举不胜举：在20世纪五六十年代，北京为便捷交通拆毁了北京城的城墙；2011年被誉为"西安市第一座大型百货商店"的华侨商店遭遇强拆……

2.遗产保护限制城市发展

在以城市发展为首要任务的群体看来，文化遗产保护，特别是世界文化遗产的保护理论和实践在"不当"扩张：保护理念从文化遗产单体保护到街区、古城的整体保护，从文化遗产核心区重点保护到强调遗产缓冲区保护的重要性等，都是在和城市发展建设抢占珍贵而稀缺的土地资源。城市文化遗产尤其是身处城市中心，占据区位优势的文化遗产占据着城市寸土寸金的土地，大面积圈地、限高、禁止遗产周边过度开发，耗费大量人力、财力来保护文化遗产的各种举措，令一些地方政府及房地产开发商捶胸顿足。

首先，用地方式、数量和强度受限。文化遗产核心保护区和缓冲区减少了城市可开发利用的土地面积；在遗址数量众多且密集分布的区域，破坏了可建设用地的完整性，使产业开发难以实现集聚规模效应；土地性质等方面受到遗产保护规划的保护，难以成为工业和建设用地。

其次，产业发展受限。文化遗产保护相关法律法规严格限制和控制，可能对文化遗产本体及周边环境产生不可逆破坏的产业在遗产周边建设发展；对大型基础设施要求比较高的产业也难以在文物周边布局。例如为了保护文化遗产，城市不仅要投入大量资金，还须在土地制度、建设项目审批制度等

---

❶ 联合国教科文组织世界遗产中心，国际古迹遗址理事会，国际文物保护与修复研究中心，中国国家文物局.国际文化遗产保护文件选编[M].北京：文物出版社，2007.

方面设定相关限制措施,由此可能对城市发展造成限制。在产业发展做出让步的同时,从经济总量和发展方式来说,基于文化遗产资源的相关产业对大多数城市的整体发展仍然只起到点缀作用。

(二)互相促进

1.城市发展助力遗产保护

随着城市发展,人们在不断追求物质文明的同时开始追求精神文明,即追求人类在历史发展中创造的能体现社会发展进步的精神成果,并随着物质生活条件的提高而日趋强烈。当然,这种精神文明的享受还包括尊重和享受文化遗产,且人们享受这种精神文明成果的愿望越强烈,对文化遗产的关注度就越高,在城镇化建设中对文化遗产保护的推动力就越大,文化遗产有效保护就更易实现。

2.文化遗产凸显城市特色

文化遗产是一座城市历史发展的见证和记忆,是城市居民共享的集体记忆。城市面貌是历史积累和文化的凝聚,是城市的物质生活、地理位置和文化传统等多种因素综合作用的结果。让文化遗产融入现代生活是避免城市记忆消失、"千城一面"、文化缺失等"城市病"的有力保障。作为城市的组成部分,文化遗产特别是世界文化遗产,已成为现代化和城市发展中的一张名片。它增强了城市文化软实力和凝聚力,凸显了城市的文化特色和魅力。

综上所述,随着历史遗产保护理念的不断发展和对人类自身文化理解的不断深刻,文化自信和文化自省使更多的人认识到城市文化发展的重要性,以及城市中的历史遗产的存在意义与价值。由此一改以往对城市发展与遗产保护犹如鱼与熊掌不可得兼的陈旧理念,从而深刻理解文化遗产,尤其是历史文化遗产与城市发展间的相互关系。如果两者之间的关系得不到妥善处理,文化遗产也可能限制城市发展,城市发展也可能迅速摧毁文化遗产;与之相反,若一些资源较好、条件合适的城市,能够合理保护、适当利用文化遗产,也可以将此用于转变城市发展方式,促进城市持续健康发展。

三、历史文化遗产保护现状

我国的历史文化遗产保护已经走过了很长一段路。在这个过程中，经过几代人的努力，已经取得了一些可喜的成绩。与此同时，我们也发现一些问题。人们对历史保护的认识水平还普遍很低，尽管近年来很多地方政府已经发现一些古镇有很大的经济价值而进行保护，但是，有些地方仍然把保护历史环境看成是经济发展的障碍，因而不能以积极的态度将保护纳入地方建设的规划中；某些城市把文化遗产仅作为吸引大量游客的资本，旅游业的过度开发和管理不善引起了许多新的问题。这些不利于保护的现象，都源于没有以全面、长远的观点来看待保护与发展的关系，从而对环境发展的策略形成误导，致使一些有价值的文物建筑、历史街区等文化遗产继续遭受着人为的破坏。

2008年，国务院通过了《历史文化名城名镇名村保护条例》，对中国历史文化名城名镇名村保护具有里程碑式的意义，与《文物保护法》《城乡规划法》和《文物保护条例》共同组成名城名镇名村保护法律法规体系。

保护规划在我国历史文化名城名镇名村的保护工作中起着非常重要的引领作用，保护条例的颁布有效规范了保护规划的编制、审批与修编流程，使保护规划的科学性、民主性和公开性得到保障。保护条例明确了保护规划的内容、期限和编制流程，在报送审批之前，组织编制机关需要征求相关部门、专家以及公众的意见，甚至是举行听证会。保护规划的法定地位决定了其权威性，保护规划得到批准后应及时公示。保护规划不得擅自修改，若保护规划确实无法达到应有的保护效果需要进行修改，则必须严格遵守修改程序。

保护规划可以说是针对名城名镇名村历史文化遗产保护的一种技术手段，同时，保护规划可以使历史文化名城名镇名村的整体环境风貌维持一种和谐关系，有助于历史文化名镇的全局性发展。因此，历史文化名城名镇名村的保护规划不仅仅是单纯的规划编制过程，完整的保护规划流程应该是从最初的名镇基本情况研究，到规划研究与编制，再到规划实施与管理，以及规划实施后的评估和修编。总之，保护规划应该是一个系统的制定研究过程。规划的编制与研究，需在国家空间规划框架下实施。

（一）历史文化村镇保护现状

1.保护规划的现状问题

在历史文化村镇保护工作中，保护规划是其核心内容与技术支撑，因此对于村镇的保护工作需要围绕其内容，就保护规划的研究与制定、实施与管理而全面开展。从国家和地方名镇保护的法规内容看，基本都是针对村镇保护的规划措施与实施管理等方面做出相关规定。

从以往的村镇保护中可以得出，保护规划的编制与实施是历史文化村镇保护的重要前提，编制出好的保护规划，未必能按照规划保护好村镇，而保护规划编制不好，名镇就一定保护不好。当前，我国在不断实践探索中，对历史文化村镇的保护规划有了一定的研究，并已经建立起较为完善的保护层次与内容、保护原则与方法、规划实施与管理等的保护规划理论体系与技术手法，是名镇保护的主要经验与成绩之一。

虽然历史村镇保护起步较早，但真正引起重视还是在 2000 年快速推进城镇化成为国家发展战略之后。在快速城镇化以及新农村建设过程中，历史村镇空间环境正在迅速消亡，历史村镇保护的数量远远不足，保护形势非常紧迫。实际上，历史村镇一般规模小，现状保存状况远比名城中的历史城区与历史街区好，理应得到更多的重视，也更容易取得成效。

江南水乡古镇的保护在全国起步较早，其重要经验就是重视科学规划，坚持正确方法。从 20 世纪 80 年代开始，大部分古镇得到保护，在快速城镇化过程中，这些古镇基本上是依循"保护古镇，发展新区"的方针进行镇区开发，在城镇建设和古镇保护之间达到平衡。同时，古镇中具有历史文化价值的建筑得到了有效保护，对这些建筑进行了测绘，为今后建筑的保护整治提供了可靠依据。

江南水乡的保护规划对历史文化名镇内历史风貌的保护整治，采用的是不同情况区别整治的做法。在对古镇深入调查研究的基础之上，对古镇的历史风貌地段和文物名胜古迹，进行详细的价值评估，确定保护等级。古镇区内分为绝对保护区、重点保护区及一般保护区三个等级，进而针对每个等级内的古建筑保护与整治提出不同的要求。

同时，江南水乡古镇在保护实施的过程中，针对历史建筑修缮专业性强，现场情况复杂的特点，由专家及时对工程进行现场指导，边施工边调整边处理。这种按保护规划实施整治的做法，为全国的历史村镇及历史街区的修缮树立了良好的榜样。

2.保护规划的问题分析

《历史文化名城名镇名村保护条例》规定，保护规划应该自历史文化村镇批准公布之日起一年内完成编制。但从我国历史文化村镇的保护规划编制情况来看，村镇保护规划的编制情况还不够理想。保护规划往往存在"后补"的状况，即等到历史文化村镇名录公布后，再对其进行保护规划编制。这种做法造成的问题是，古镇已经发生了空间变化，那么在申报过程中需要提交的现状整体环境风貌、空间格局、传统街巷等情况，文物保护建筑、历史环境要素等清单，以及保护范围和保护规模等资料，就无法及时充分提供。但是在公布之前，一些历史文化村镇则缺乏对保护规划编制的动力，认为若申报不成功，则浪费了资金和精力。

因此，历史文化村镇保护规划的编制和实施虽然取得了一定的成效，但从保护规划编制、实施和规划效果等方面看，还存在以下明显的问题。

①保护规划的编制重"报"轻"保"。当前我国部分历史文化名镇保护规划的编制，其目的是为了申报历史文化村镇，因此在申报之前就编制了保护规划，但主要针对申报标准，且跟着申报的进度走，而非真正意义上的村镇保护策略，对历史文化遗产的延续作用不大。保护规划的不断重复编制对于规划的严肃性具有很大的影响。

②保护规划机械复制，缺乏地方性。历史文化名镇概念是在文物保护单位、历史文化名城和历史文化街区之后提出的，目前历史文化村镇保护规划在国内尚处于研究摸索阶段。对历史文化村镇的保护工作建立在前者的基础上，对于村镇保护规划的编制亦如此。有些地区的历史文化村镇保护规划，按照古建筑群保护的体系进行编制；有的按照历史街区的保护规划来组织编制；有的则参考文物保护单位的保护体系进行编制。因此，历史文化村镇的保护规划编制情况参差不齐。

21

规划编制单位在编制过程中对地方特色缺乏深入调研，存在照搬某些优秀案例的做法。优秀的案例无疑值得借鉴，但是不假思索地照搬照抄，可能造成不良的后果是，因为有些做法在其他地方也仅仅是处于探索阶段，仍存在缺陷，照搬照抄的结果是问题的复制。另外，在其他地方能够成功的做法也是具有地方根植性的，"拿来主义"式的保护规划不一定能取得同样成功的效果，最坏的结果甚至造成保护性破坏。规划编制工作需满足五级三类编制体系框架，要把国土空间规划体系构建起来，实现生态文明。

③规划管理滞后，实施效率低。村镇规划编制与管理工作原本就薄弱，对村镇保护工作更是缺乏必要的技术指导与有效监管。另外，各职能部门职能分工不清晰，存在相互推诿的现象，村镇的保护从规划编制，到规划实施，再到规划监督与管理不能在一个职能部门中完成，造成保护不到位现象❶。

名镇保护规划的特殊要求，使没有保护经验的规划设计单位编制的保护规划内容深度往往不够，甚至有错误的理念方法。受经费所限，很多历史村镇并无保护规划，也不能把保护规划与乡镇总体规划有效衔接起来。而在保护规划实施的过程中，由于规划的管理存在问题，难以落实保护规划的具体内容要求，随意建设或改建的现象时有发生，违法建设也得不到有效遏制与处理，各个历史文化名镇中新增大量的新建建筑，而且大多是近几年所建，以至于规划师只能因现状而不断被动调整规划，使规划不得不顺着现状发展。

④公众参与未得到充分落实。自2003年公布第一批历史文化名镇以来，在古镇保护规划与实施过程中公众不能充分参与。在规划编制的资料收集阶段，由于需要向当地居民了解情况，是比较能体现公共参与的阶段，但是与当地居民的交流仅仅局限于简单的交流，公众参与程度偏低。对于地方政府而言，当地居民不抗议就好；对于规划编制人员而言，作出精美的规划成果就好。而对于编制完成后的保护规划，同样缺少对保护规划及相关信息的宣传，以至于当地居民对保护规划了解程度不够，导致居民对保护规划的内容和实施效果满意度较低。所谓的公众参与仍然任重而道远。

---

❶　苏男．历史文化名镇保护规划实施评估的优化研究与甪直应用 [D]．苏州：苏州科技大学，2018．

（二）历史文化名城保护现状

1.对历史文化名城整体保护的认知

　　历史文化的形成是城市长期发展的结果，具有显著的整体性特征。在逐渐演变的进程中，城市形成了与其独特的文化模式相适应的总体空间形态，展现出特色的文化内涵和空间秩序。通过多年的历史保护经验可以发现，历史文化遗产的保护不能单独追求对个体遗产的保护，应该树立整体保护的观念，深入挖掘历史，感受历史，以动态的思想认知城市，以整体的观念进行保护和发展。（上文已有相关讲述，此处略。）

2.对过去发展方式的反思

　　历史文化名城的保护是一个动态的发展过程，不能偏激地认为保护就是严格地保持现状，应在保护的基础上追求发展。目前我国对历史文化城市的保护存在着许多非科学的认知。

　　第一，对历史遗址的保护力度仍不足，如在中西部的部分城市中，历史遗迹正在遭遇着建设性的破坏，民俗文化也被当地人所遗忘，受到外来文化的猛烈冲击。部分极具文化特色的遗迹在发展过程中遭到人为的破坏，开发完全受到经济利益的驱动，文化保护核心区被推平，在废墟上改建为与原有风格格格不入的现代建筑。

　　第二，在我国快速城镇化进程的推动下，为了实现经济的持续高速发展，部分城市实施了旧城更新的规划理念，盲目追求大尺度的现代建筑群，忽视发展需求，导致一些城市千篇一律，特别是一些历史文化名城、街区及文物古迹的更新和发展，造成了更新过程中开发性的破坏。部分具有丰富文化内涵的城市为了追求土地使用效率，利用附属历史文化遗产的土地进行建设，甚至直接拆除文物古迹，对其形成了巨大的开发性破坏，造成了永久性的损失。

　　第三，针对国内历史文化名城的保护现状，在古城区内确立单独的历史

文化保护片区，保护区外没有考虑文化效应而进行大规模现代化建设，忽视了城市整体的文化特色。长久的建设将会造成严重的后果，这样的保护，其实是划分了拆迁范围，造成了更加严重的破坏，历史文化保护不能为城市拆迁改造让步，不能成为城市经济快速发展的牺牲品。

3.发挥市民在历史文化名城保护中的积极性

　　长期的保护经验告诉我们，基于我国的国情，市民的保护意识较差，对于历史文化遗址的保护没有起到应有的作用，政府强势的主导代表了市民意见，一定程度上不利于历史文化的保护。因此，应该提升市民的保护意识，加大市民在历史文化名城保护中的作用，打破原有的政府主导模式。这将对历史文化名城的健康发展起着决定性的作用。

（三）历史文化街区的现状

1.商业化气息浓重而历史文化内涵不突出

　　在我国，几乎每一座城市都有大小不一的历史文化街区，如江西赣州的郁孤台、武汉的汉街、广东潮汕的牌坊街、北京的南锣鼓巷等，历史文化街区可谓遍布全国各地。近年来，随着城市规模的扩大和旅游业的发展，不少历史文化街区越来越受到开发商的青睐，被改头换面成为崭新的旅游景点或以"旧城改造"的名义被改造成新的楼房。尽管有些历史文化街区能够完整地保留着历史遗迹和当地风貌，但也有很大一部分让人们感受到的是商业的气息和文化的没落，因此而极大地降低了历史文化街区的吸引力，不利于街区历史文化的传承和发展。

2.历史文化街区建筑逐渐老化

　　由于时间的流逝，很多历史文化街区的街道设计、楼房建筑、室内陈设等缺乏定期的保养和维护，要展现其历史雕刻工艺和维持其基本的使用功能就显得颇为困难，有一部分建筑甚至已经成为危房。另外，在一些历史文化街区出现了不少新建的现代建筑，使风格的统一性和传统的文化性已经遭到了破坏，显得极为不协调。而且随着人们生活方式的改变，历史文化街区的传统手工业逐渐被机器大工业所取代，传统历史文化面临淘汰的危机。

3.居住人口密度偏大和居住环境堪忧

近年来，表面上虽然有很多人迁入到了新建的安置房，给历史街区的环境整治带来机遇。但从本质上来看，环境质量依然恶劣，原有的出租单元未调整，陆续又有新的承租户进入。这给分隔狭小居住空间的整合、历史建筑原有空间组合的恢复等工作带来了巨大的压力。

4.历史文化街区风貌不断被蚕食

虽然历史街区的格局被完整地保存下来，但是随着居民生活质量的提高，历史街区内的部分历史建筑构件（如月梁、花窗、门等）被现代的钢筋水泥构件、推拉窗、铁门等代替；原有的麻条石、鹅卵石路面也被水泥路面代替；街区内部部分风貌较差的多层建筑（20世纪80年代宿舍楼）穿插于传统街巷内部，破坏了传统街巷肌理，导致历史风貌不断被蚕食。

第二章　保护历史文化遗产的资源价值

一、历史文化遗产分类

　　各个历史时期遗留下来的物质形态的历史遗存被惯称为"文物"。1949年以来，我国制定了多项文物保护法规，成立了体系化的文物保护、管理机构，并多次组织大规模的文物普查等。经过几十年的努力，已经建立起一套自上而下完整的文物体系。[1]1960年11月17日国务院全体会议第105次会议通过的《文物保护管理暂行条例》（1961年3月4日国务院公布施行），规定国家保护文物的范围为："与重大历史事件、革命运动和重要人物有关的、具有纪念意义和史料价值的建筑物、遗址、纪念物等；具有历史、艺术、科学价值的古文化遗址、古墓葬、古建筑、石窟寺、石刻等；各时代有价值的艺术品、工艺美术品；革命文献资料以及具有历史、艺术和科学价值的古旧图书资料；反映各时代社会制度、社会生产、社会生活的代表性实物。"[2]这是首次对"文物"外延的官方说明。1961年3月4日，国务院公布了第一批全国重点文物保护单位名单。

　　古文化遗址、古墓葬、古建筑、石窟寺、石刻、壁画、近代现代重要史迹和代表性建筑等不可移动文物，根据它们的历史、艺术、科学价值，可以分别确定为全国重点文物保护单位，省级文物保护单位，市、县级文物保护单位。历史上各时代重要实物、艺术品、文献、手稿、图书资料、代表性实物等可移动文物，分为珍贵文物和一般文物；珍贵文物分为一级文物、二级文物、三级文物。在国家重点文物保护单位的评定中，不可移动文物被分为古遗址、古墓葬、古建筑、石窟寺及石刻、近现代重要史迹及代表性建筑和

---

[1]　刘世锦.中国文化遗产事业发展报告（2008）[M].北京：社会科学文献出版社，2008.

[2]　文物保护管理暂行条例.中华人民共和国国务院公报，1961（4）：76–79.

其他 6 个类别。对于不可移动文物中较大规模的人居聚落，保存文物特别丰富并且具有重大历史价值或者革命纪念意义的城市，由国务院核定公布为历史文化名城；保存文物特别丰富并且具有重大历史价值或者革命纪念意义的城镇、街道、村庄，由省、自治区、直辖市人民政府核定公布为历史文化街区、村镇，并报国务院备案。

非物质文化遗产参照联合国教科文组织《保护非物质文化遗产公约》分为口头传统、传统表演艺术、民俗活动和礼仪与节庆、有关自然界和宇宙的民间传统知识和实践、传统工艺技能等以及与上述传统文化表现形式相关的文化空间 6 类。在国家级非物质文化遗产的评定中，按民间文学，传统音乐，传统舞蹈，传统戏剧，曲艺，传统体育、游艺与杂技，传统美术，传统技艺，传统医药和民俗 10 个类别划分。各省区、市县也分别建立了自己的非物质文化遗产名录。

综上，中国的文化遗产分类如图 2-1 所示。

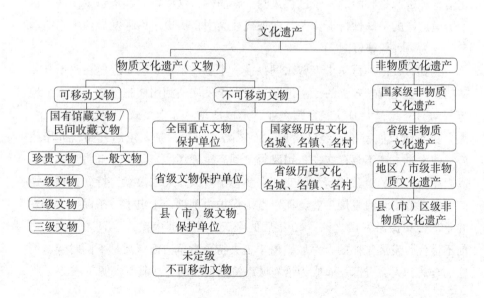

图 2-1　文化遗产分类

二、历史遗产的特征

历史遗产具有稀缺性、脆弱性、不可再生性等特征，这些特征决定了保护它们是我们的任务。从利用的角度来审视，历史遗产也具有整体性与多样性的特征，这些特征使得我们可以在保护的基础上对其善加利用，显现和发挥其价值作用。

（一）稀缺性

稀缺性（scarcity），又称稀少性、缺乏性，在经济学中特指相对于人类欲望的无限性而言，经济物品或者生产这些物品所需要的资源等的相对有限性，即"人类拥有无穷的欲望，但只拥有有限的资源"。有限的资源永远无法满足或实现人类无限的欲望。于是，对资源的占有使社会产生了竞争与选择，有时甚至还涉及上层的权力（一种社会资源）。历史上传承下来的文化信息和资源是有限的，经过长久的沧桑演变，这些资源越来越少，这决定了历史遗产的稀缺性特征。尤其在现代社会中，历史遗产越发显现出它的珍贵，成为一种稀缺资源。

例如，江南地区历史上曾水网纵横，水乡古镇星罗棋布。但在改革开放初期，商业化观念较强的江南地区迫切谋求发展，利用体制优势、廉价土地与劳动力资源，大力发展乡镇企业，形成所谓"苏南模式"。在此过程中，大多数乡镇只注重推动经济发展，而忽略了历史保护，填河开路，拆屋建厂，使大量古迹不复存在，古镇风貌遭到严重破坏。与此形成鲜明对比的是以周庄为代表的少数城镇，面对江南乡镇工业大发展的浪潮，特立独行，逆流而动，并不盲目发展工业，而以古镇保护为基础，走出了一条保护与开发并重的古镇旅游发展之路。40年后的今天，当"苏南模式"风光不再，之前不惜代价发展工业的众多城镇由于丧失特色竞争力而江河日下的时候，周庄的自然和人文资源反而成为给养城市持续发展的稀缺旅游资源（图2-2）。

（a）始终保持古镇风貌环境的周庄　　　　　（b）由于工业发展导致龚滩古镇搬迁

图 2-2　周庄与其他古镇现状对比

　　人类对于历史文化保护的最初目的来自它的稀缺性。另外，历史文化资源的稀缺性也能极大地提升其综合价值。例如，古城平遥，作为中国目前为数不多的整体风貌保存完好、保存有完整城墙的历史古城，已经成为吸引大量中外游客的旅游胜地，验证了"物以稀为贵"的古谚（图 2-3）。

图 2-3　保留完整历史格局的平遥古城 ❶

---

❶　李和平，肖竞.城市历史文化资源保护与利用 [M].北京：科学出版社，2014.

（二）脆弱性

由于自然的（气候、地质、生物等）干扰和人为的（战争、城市建设、社会发展等）破坏，历史文化资源显得无比脆弱。特别是在当今经济社会快速发展的浪潮下受到的冲击越来越大。

一方面，物质遗产由于年久失修而损坏或因城市建设而被拆毁的事件频频发生。例如，我国多个历史名城历尽沧桑的古城墙，由于常年的自然侵蚀和大量游人的踩踏，夯土松垮，多次发生局部地段坍塌事故；在湖北襄樊，由于当地居民向古城墙倾倒垃圾，为了采光、通风在城墙上开凿孔洞，以及树木杂草的生长，古城墙出现多处裂缝。

另一方面，地方传统文化、手工技艺等非物质遗产，由于受到时代背景、区域经济等大环境的影响，加之尚未受到足够的重视，没有得到应有的发掘与扶植，在迅猛的全球化浪潮席卷之下面临着同化、湮没、失传、消亡的困境。例如，地处武陵山脉腹地的湖南桑植县，随着近年城镇化进程的加快，自然环境逐渐被人工建筑侵蚀，青山秀水、广袤田园的环境受到破坏，加之商业化的民俗旅游开发，使得当地的土家族民俗——桑植民歌所附着的天然舞台逐渐消失，歌唱者的情绪和兴致随之降低，致使这一民间艺术形式失去了其赖以生存的土壤而日渐受到冷落。

（三）不可再生性

历史文化遗迹中承载了历史发展过程的信息，一旦毁损就无法再次生成。虽然物质遗产可以复制，但是其所包含的历史信息却是无法复制的。《佛罗伦萨宪章》明确指出：重建物不能被认定为历史遗物。中国文物保护法律也明确规定：全部毁坏的不可移动文物，原则上不得重建。

在我国古代，受"革故鼎新"封建思想的影响，几乎历朝历代（除唐代和清代外）在推翻前朝的同时均毁掉或遗弃了前朝故城而另立新都，这种传统观念使我国历史文化资源遭受了不可估量的损失。直至当代，"破旧立新"思想仍然主导着一些城市、一些地方的发展进程，许多人热衷于拆除真文物，新建假古董，以新形象作为城市文明和进步的标准。殊不知，历史遗产是不可再生的，一旦破坏，将无法挽回。只有保护、保存这些历史遗产才能张扬城市的个性，延展历史文明，并在此基础上发展当代的文明，使文化得以持续生长。

在古都北京保护的问题上，梁思成、陈占祥两位先生曾经在新中国成立初期提出过著名的"梁陈方案"，建议北京未来发展应"全面保留古城，另建新城"（图 2-4）。今天，当北京已经繁荣富强之时，古城的风貌却已不复存在，只能成为定格在老照片和旧时影像当中的永恒遗憾。

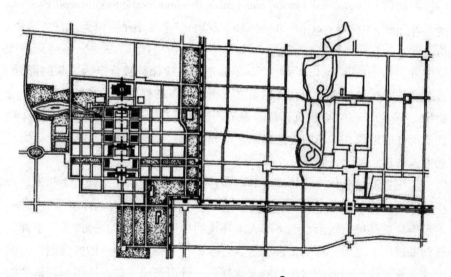

图 2-4 "梁陈方案" ❶

作为一种文明的结晶，每个时代的城市都会留下自己的印迹。保持历史的连续性，保存城市的记忆，是人类文明发展的需要。城市中的历史遗迹是在特定的时期和条件下形成的，经过时间的洗礼，积淀了厚重的文化，构成了城市的环境风貌和人文特征，是无法再生和取代的宝贵资源。虽然以今日之技术与经济实力，我们轻易地即可复制一些仿古建筑，也可以用三维模型、虚拟影像等方式再现古都风貌，但这些技术与手段毕竟是亡羊补牢之

❶ 董光器.古都北京五十年演变录 [M]. 南京：东南大学出版社，2006.

举，无法全面而真实地呈现历史建成环境的生动风采，反而留给后人一种追逝的惋惜，有如宋代词人许左之《失调名·忆你当初》中所描绘的那种错过一段感情后的无限惆怅："忆你当初，惜我不去。伤我如今，留你不住。"

（四）整体性

历史遗产具有整体性（integrity）特征。1968 年，联合国教科文组织（UNESCO）在第十五次全会上制定的《公共性工程或私人工程危及文物保护的国际动议》（Recommendation concerning the preservation of cultural property end angered by public or private works）规定："文物不是可以孤立存在之物，所有的文物几乎是群体存在的，或是和中心文物具有密切关系，显示周围环境中许多东西的集合体。因此，不单要依据法律保护被确定为文物的部分，甚至必须包括未被确定为文物但与之有密切关系的部分。"《威尼斯宪章》也指出，"保护一座文物建筑，意味着要适当地保护一个环境"、"必须把文物建筑所在的地段当作专门注意的对象，要保护它们的整体性，要保证用恰当的方式清理和展示它们"。

历史遗产的整体性还体现在其与所在地区的自然和人文背景之间千丝万缕的联系。建筑形态、街巷空间、聚落（城市）结构等人工环境是在气候、地理等自然环境与政治、经济等人文环境的作用和影响下，经过长期发展而逐渐形成的，呈现出历史要素、自然要素和人文要素融为一体的特征。由此方才孕育了生长于斯的居民们的文化性格，进而形成了各地城市和聚落的独特精神气质。

在我国古代社会，从城市到村落，乃至个人宅邸，在规划和建设的过程中，大都有循堪舆之术进行选址布局的传统。正是在这种天人合一的思想指引下，运用奇思与匠意，在自然和历史背景中，使社会、经济、文化的各种元素与聚落空间紧密结合的传统聚落空间，经过沧桑岁月的沉淀，才形成了今天为世人所赞叹的一处处富有生机的有机整体。

（五）多样性

因为历史遗产是物质文明与精神文明的结晶，所以它不仅包括城镇整体风貌、历史街区、历史建筑等物质形态，还包括价值观念、文化传统等精神层面的内容，从类型和内涵上都体现出多样性与丰富性。联合国《保护非物质文化遗产公约》就表明遗产保护的主旨应是"维护文化遗产的多样性和普遍性"。

此外，由于历史遗产生成的地理环境、社会环境、经济环境、时代背景不同，它们也呈现出丰富而多样化的地域特征，是其形成时期环境的生动见证，为今人提供了社会多样化与生活多样化的背景。不仅各个国家各个民族有表现各自特点的文化遗产，而且在同一国家、同一地区内部，由于文化发展过程的差异，即使是相同类型的文化遗产，也会表现出不同的特色和风格。

我国幅员辽阔，又由多民族构成，因此各地的风土条件有很大差别，自先秦迄今，在几千年的历史进程中，中华大地又历经无数次的战乱与繁荣，形成了秦、汉、唐、宋、明、清等不同历史时期的文明。在风土特点和历史进程的共同作用下，地区性文化呈多样性发展，也形成我国历史遗产资源的多样性特征。以富有特色的地域建筑群落为例，我国拥有西塘、乌镇等代表江南水乡文化的古镇，西递、宏村等代表仕商文化的徽派建筑聚落群，田螺坑村等代表客家文化的土楼，肇兴侗寨、西江千户苗寨等代表少数民族文化的原生态聚落，以及开平等地代表侨乡文化、中西结合的碉楼等多种建筑聚落形式。

三、历史遗产的价值意义

历史遗产的价值体现在诸多方面，也可以从多个角度来划分。既有的研究大多从功能角度出发，将遗产价值划分为历史价值（历史、考古、人类文化学等方面的价值）、科学价值（科学、技术、材料等方面的价值）、艺术价值（艺术、审美等方面的价值）、情感价值（精神、情感、信仰等方面的价值）及社会价值（社会认同）等。而根据遗产价值的表现范畴及其对现代社会物质和精神生活的影响层面来划分，遗产的价值可分为本体文化价值和衍生实用价值。本书拟采取这种分类方式对历史遗产的价值构成进行综合分析与阐述。

（一）历史遗产的价值构成

1.本体文化价值

作为各时期人类文明流传至今的重要载体，历史遗产资源对人类社会最为重要的意义在于其自身所承载的各时期、各地域文明的文化信息。历史遗产资源的本体价值就是遗产所映射出的这些不同类型的文化信息，包括历史价值、人文价值、艺术价值、科学价值等。它们是人类物质文化、制度文化、行为文化和精神文化的综合反映，构成了历史遗产价值最为核心的部分。而且，这些价值客观存在于历史遗产本身，不会因为社会观念的变化而改变。

（1）历史价值

历史价值是指遗产对象在反映与历史上各种政治、经济、军事、人文因素相关史料方面的价值。遗产对象是不同历史时期的遗存，即文明进程中的载体，它们记录着其形成之初以及建成之后各时期相关的历史背景、历史事件、历史人物等各种历史信息，经过岁月的荡涤，这些记录着各种历史信息的遗迹逐渐超越了物质的范畴，而具备了人类文化学的意义。一些著名的建筑遗迹，往往在建造之初并不那么重要，但在经历了某些特殊的历史事件、见证了某些重要的历史时刻之后，便拥有了不可磨灭的历史价值。因为这些文明的遗迹为后世提供了研究建筑、地区、社会、文化等方面的重要历史信息，反映了城市或地区的兴衰与变迁。

列位我国四大书院之首的岳麓书院，正是得益于它传承千年的悠久历史。1167年朱熹与张栻曾在此进行了中国文化史上极为著名的"朱张会讲"；300年后王阳明又贬谪至此，在书院进行了系列的讲学活动；至清代，一大批知名人物如王夫之、魏源、左宗棠、曾国藩等又都与此地结缘。正是由于上述历史渊源，岳麓书院由一座普通的书院，上升为一处儒学圣地，成为具有重要历史意义的遗产地。

（2）人文价值

人文价值是指遗产对象在反映不同时期社会普遍或个人人文关怀方面

的价值。一方面，历史文化资源中真实的物质实体（包括历史街区、建筑遗址、地域特征建筑群、古树名木等）构成了"有形文化"遗产；另一方面，诸如口头传统、表演艺术、社会实践、仪式节庆活动、传统手工艺等，又形成了"无形文化"遗产（或称非物质文化遗产）。它们从多种角度阐释了人们的生活方式和价值观念，揭示了社会发展与历史建造过程中的各种文化现象，表达了人们追求美好生活的愿望，共同反映了地域人文关怀的多样性，从而具有了人文价值。

世界遗产安徽宏村，整体格局呈"牛"状结构布局（图2-5）。村西北绕屋过户、九曲十弯的水渠和村中天然泉水汇合蓄成一口斗月形的池塘，形如牛肠和牛胃；水渠最后注入村南的湖泊，俗称牛肚。这种别出心裁的科学的水系设计，不仅为村民解决了消防用水，而且调节了气温，为居民生产、生活用水提供了方便，创造了一种"浣汲未妨溪路远，家家门巷有清泉"的良好环境。山峦相拥、水系曲流、蜿蜒的街巷以及白墙素瓦，最集中地反映了古人"天人合一、巧于因借"的人文理念。这种人文理念随着聚落的延续在历史中传承，古人的巧思与匠意构成了我们日常生活中所谓"情趣"的那些东西。而这些"情趣"，经过岁月的磨洗，最终升华为现代人眼中的人文元素。

图2-5　宏村"牛"状结构布局及村里环境

（3）艺术价值

历史遗产的艺术价值是指遗产对象在反映文明进程中各种能工巧艺与主观审美观念方面的价值。许多历史文化遗产本身就是艺术杰作，具有内在的

艺术和美学价值,那些由著名工匠设计建造的伟大建筑作品如宫廷、宗教建筑群等,从布局、设计、构造、装饰、风格中所展示出的高水准的艺术与技艺,能够带给人们精神上的震撼和审美享受。例如北京故宫,从建筑群体的布局到单体建筑的方位、形制、色彩,甚至建筑细部雕梁画栋的处理,从宏观结构到每一细节,无论在空间氛围营造,还是建筑图案象征上,通过建筑语言对中国古代封建礼制文化完成了一次创造性的总结与升华,具有极高的艺术价值。

另外,一些依据本土气候、地理环境、文化特征、地方工艺,在历史发展进程中日积月累建造起来的古代聚落和历史街区,也深刻地体现了各地居民生活的智慧,具有各自独特的迷人魅力。从单体建筑的风格、细部雕饰、建筑色彩,到群体建筑的空间布局、与环境的关系、街道景观的对景、沿街建筑立面富有韵律的变化等,都显示出了极高的艺术价值,给人带来美的感受(图2-6)。

人居环境中那种整体上的舒适状态也具有美学与艺术价值。西方文明自古以来就将这些"环境"综合作用下形成的人居环境要素视为有特殊价值的东西而加以珍视,建立了环境美观适宜的理论概念。

(4)科学价值

历史遗产的科学价值是指遗产对象在反映文明进程中创造性工程发明与建造技术等方面的价值。历史遗产的整体形态、建筑风格、环境关系、技术特征等都注入了古代工匠的智慧,无一不是能工巧匠精心设计和建造的,反映了人类文明史中的科学技术成就,具备极高的科学研究价值,为聚居学、建筑学、人类学、社会学等各个学科提供了实物研究素材。许多历史遗产本身还是科学研究与工程实践完美结合的成果,具有很高的科学价值。

（a）平遥民居建筑　　　　　　　　（b）苏州园林绿化园艺布置

（c）阆中古城建筑群

图 2-6　古代聚落、民居的艺术特征

　　战国时期水利专家蜀郡守李冰主持修建、被誉为"世界水利文化的鼻祖"的都江堰水利工程，是全世界迄今为止，年代最久、唯一留存、以无坝引水为特征的宏大水利工程。由于科学地处理了鱼嘴分水堤、飞沙堰泄洪道、宝瓶口引水口等主体工程的关系，使其巧妙配合，浑然一体，科学地解决了江水自动分流、自动排沙、控制进水流量等问题，从此成都平原水旱从人，开创天府之国。该工程也因其卓越的科学价值于 2000 年被评为世界文化遗产（图 2-7）。

图 2-7　都江堰水利工程

在国外，古埃及拉美西斯二世统治时期修建的阿布辛贝神庙（图 2-8），在每年二月和十月间，阳光可以直接投射到神庙内室，照亮后墙上的神像。这反映了古代埃及先进的天文学和几何学技术以及建造技术的应用水平。古代这种精确的测量和计算阳光在一年中投影变化的方法及其对后世的影响，具有极大的科学研究价值。

图 2-8　阿布辛贝神庙

2.衍生实用价值

除遗产自身承载的文化信息所构成的本体文化价值外，在市场经济环境中，大多数历史遗产因具有一定的实用功能，能够作用、服务于现代社会，从而具备了实用价值。这些价值是随着社会发展以及人类经济社会活动能力的提高，依托于遗产本体价值基础所衍生出来的，可以称其为衍生实用价值，具体包括功能价值、社会价值和经济价值三方面。

（1）功能价值

历史遗产的功能价值是指遗产对象（主要是有形遗产对象）因其所具有的容纳各种社会活动的空间载体功能而具有的使用价值。历史遗产不仅承载着历史文化信息，从实用层面来看，历史建筑、街区、地段及居民日常活动、交往的场所空间，是城市功能的重要组成部分。它们担负着城市商业、游憩、交通等各种职能，是现代社会生活的重要空间载体。

在城市现代化建设进程中，政府为提升城市人文环境、改变城市文化面貌，需要通过城市历史场所空间这条无形的文化桥梁和纽带，使市民能潜移默化地融入城市的发展与文化品位的提升之中。作为地方文化与公共活动空间的双重载体，历史文化资源独特的功能价值是其他任何现代消费空间所无法比拟且不可取代的。因此，发挥文化遗产在现实生活中的引导作用，将保护、开发与地区公共事业的发展有效结合，对于提高城市综合实力具有重要作用和特殊意义。

（2）社会价值

历史遗产的社会价值是指遗产对象因其蕴含的本体文化价值而产生对现代社会与文明的警示、借鉴和感怀等各种精神作用与影响的价值。特别突出的是，历史遗产真切地记载了人类自身发展的历史足迹，是形成个人、民族或国家认同性的有力物证，具有精神上的巨大作用。"社会价值包括一个地区之所以成为一个多数或少数群体的精神、政治、民族或其他文化思想感情中心的那些特征"，具体表现在以下几个方面。

首先，文化遗产的社会价值表现在它们所具有的永恒的纪念意义上，是人们引以为豪或激发思念之情的资源，具有重大的情感价值。例如，在我国分布于全国各地的众多革命遗址和革命纪念地，就真实地展现了中华儿女为争取人民解放、民族独立和国家富强而进行的艰苦卓绝、前赴后继的斗争历程，记录了革命先烈和仁人志士大无畏的崇高精神，是进行爱国主义和革命

传统教育的活教材。当人们凭吊这些遗迹时无不激发起对先烈的崇敬之情和强烈的爱国热情。在西方，雅典卫城这个纪念雅典守护神雅典娜的地方，最集中地反映了古希腊的建筑成就，尽管它目前只留下断柱残垣，当人们沿着古代祭祀仪典的路径绕卫城拾级而上登上卫城的时候，将全面地欣赏到卫城的建筑珍品，无不被古希腊人高超的建筑才能所感染。此外，历史聚落、建筑反映了先民的生活方式与社会形态，是有着丰富生活内涵的人文资源，同时也是寄托地方文化、地方文脉、居民情感的重要组成部分。即使是一些看起来并不那么重要的古迹，也会在人们心中引发一种强烈的感情，如故乡的石桥、老井，村口的古树等都常常是人们家乡情感的精神依托。

其次，某些重要的历史古迹反映了一个社会的共同历史、经历过的重大历史事件，因而成为国家和民族的象征。天安门广场自近代以来一直是我国国家政治活动的重要舞台，它是"五四"运动的发源地，又见证了新中国的成立，而且还是国家重要庆典活动的场所，已经成为中华人民共和国的象征。埃及的金字塔和狮身人面像、希腊的古代神殿及剧场、罗马的大角斗场和万神庙等，也都已成为国家和民族的象征。甚至一些一般的文物古迹，也能在不同的程度上起到同样的作用，如土楼是福建客家人的象征，外滩的近代建筑群是上海的形象表征。

（3）经济价值

历史遗产的经济价值主要指遗产对象因其蕴含的本体文化价值而具备的成为有吸引力的消费场所空间的潜力，从而在市场经济条件中能够激发与带动各种经济行为、产生经济效益的价值。历史遗产作为历史上创造的物质财富和精神财富，是当今文化背景和人类环境的组成部分，是社会发展的资源之一。采用恰当的方式利用文化遗产，以满足当代社会物质和文化生活的需要，可以赋予它们经济上的意义。历史文化资源的经济价值可分为直接经济价值和间接经济价值两方面。

①直接经济价值。许多文化遗产能够服务于今天的物质需要，因而具有物质使用的价值。大部分文物建筑、历史街区、古典园林与风景名胜仍处于被使用的状态。对文物建筑来说，有的是继续其原有的用途和功能，如世界各地绝大多数留存下来的宗教建筑——教堂、清真寺、佛教庙宇、道教观宫

等大都按原功能继续使用；也有些历史建筑失去了原有的功能而被赋予新的用途，最为普遍的是作为博物馆或陈列馆使用，如建于 1933 年的旧上海跑马场办公楼，1956 被人民政府改作中国美术家协会上海分会的上海美术展览馆，1986 年又改作上海美术馆，至今仍保护完好并充分发挥着它的作用。对历史街区来说，几乎所有城市中的传统街区仍延续着居住和商业的功能，作为城市机体的重要组成部分而继续发挥着重要作用。

　　历史遗产的经济价值：一方面，由于利用已有的遗产和现有道路等基本设施，免除了拆迁和新建费用并节省了能源，从经济上可以获得相当的收益；另一方面，城市中的物质文化遗产（如历史建筑、历史街区等）所占有的土地属于城市用地，具有与一般城市土地等同的土地价值，而且，通过对历史文化遗产的保护与开发，不仅能强化原有职能作用，还能利用其资源禀赋发展旅游、休闲、文化等产业。这些都是历史文化遗产直接经济价值的体现。

　　②间接经济价值。历史文化遗产的间接经济价值表现为遗产价值的实现所带来的市场效应。历史遗产的内在价值能够提升城市、街区的竞争力，使得周边地区的土地增值，增强周边地区的经济活力。利用历史遗产发展文化旅游还能带动周边相关配套产业的兴起，同时使所在地段的知名度和影响力增大，从而获得经济效益。

3.各种价值间的关系

　　本体文化价值与衍生实用价值是历史文化遗产的两大价值构成（图 2-9）。

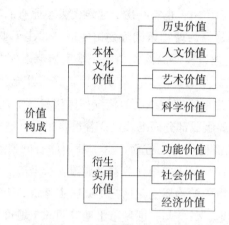

图 2-9　历史文化遗产的价值构成

本体文化价值是历史文化遗产价值体系的根本和基础，它相对稳定，并会随着时间流逝、社会发展而不断积累。衍生实用价值是依托于本体价值而产生的，其中：功能价值反映了遗产的空间属性，而且需要适应现代城市发展的需求对其原有功能做适当的调整；社会价值是历史文化遗产价值体系的核心，它会随着社会的发展、人们认识的提高而逐步增强；而经济价值是历史文化遗产本体价值在经济上的反映，市场经济条件下它会受到资源保护成效以及市场波动、城市发展等因素的影响，是动态变化的。一般说来，经济价值不能完全反映遗产资源的本体价值，它所反映出来的仅仅是一部分，或者说是现时的实用价值。

历史文化遗产的本体文化价值与衍生实用价值之间形成相互联系的价值关系：第一，本体文化价值是历史文化遗产价值的根本，其衍生价值的发挥必须以本体价值的存在为基础；第二，社会价值是历史文化遗产价值的核心，本体价值的显现能够促进社会价值的发挥；第三，经济价值是历史文化遗产价值的关键，合理发挥遗产的经济价值，有利于彰显历史文化遗产的本体价值和社会价值。经济价值的发挥在一定程度上是能否更好保护历史文化遗产的重要因素之一。当然，经济价值的发挥不能以损害本体价值来实现。

正确认识和处理历史文化遗产价值体系的关系，建立科学的历史文化资源价值观，是指导历史文化遗产保护工作，处理好保护与利用关系的前提。

（二）市场经济条件下衍生价值的意义

历史文化遗产的衍生实用价值，特别是社会价值和经济价值，是与社会经济各个领域相互作用而产生的，在市场经济条件下具有特殊的意义。

1.社会价值的意义

历史文化遗产社会价值包括其对人的个体和对社会整体两方面的作用，通过遗产体验与保护的社会实践，可以实现其社会价值。社会价值的意义包括满足个体精神需求、孕育多样的社会生活、引领正确的价值观、建立良好的社会秩序、塑造民族精神气质五个方面的内容。

（1）满足个体精神需求

人作为有意识的生命体，在生活的世界中除了物质上的基本需求外，还有精神方面的需求。在文化体验与遗产保护的过程中，人们能够从不同的遗产对象以及与其相关的生活气息中感觉到不同的情趣，完成审美体验，并从中得到审美层面的满足；并进一步对遗产对象的认知逐渐升华，上升到将主体与客体联立思辨的状态，完成自我发现的过程。另外，通过遗产保护实践，可以充分发挥自身文化技能，实现价值证明的需求，从而完成个体精神需求满足的全过程。

（2）孕育多样的社会生活

1972年联合国教科文组织制定的《关于在国家一级保护文化和自然遗产的建议》即提到，"在生活条件迅速变化的社会中，能保持与自然和祖辈遗留下来的历史遗迹密切接触，才是适合于人类生活的环境，对这种环境的保护，是人类生活均衡发展不可缺少的因素"。这表明，能"与历史遗迹密切接触"的生活环境，才是"适合于人类生活的环境"，它确保了人类生活健康、均衡地发展。

1976年10月联合国教科文组织召开的内罗毕会议所提出的《关于历史地区的保护及其当代作用的建议》也提到"多样性的社会生活必须有相应的多样性生活背景"。因此，历史遗产给地区和城市带来的文化氛围形成了孕育多样化社会生活的土壤，对人们新生活的产生和文化的形成具有重要意义。

（3）引领正确的价值观

一方面，由于历史遗产有其深厚的历史、文化、艺术及科学价值，必然能对游览、观摩和生活于其中的人产生积极的影响，给人们以教育和启发。利用遗产资源进行文化建设、丰富人们生活内涵的最终目的，也在于通过遗产资源的保护与利用唤起公众对历史文化的广泛兴趣和尊重，让广大市民能够深刻体验城市或地区历史演绎中沉淀下来的文化传统，提升自己的文化品位和精神境界，进而扭转市场经济快速发展时期用数字衡量财富、金钱通行无阻的错误价值观；在文化生活的潜移默化中，使人们关注的焦点转向一些难以用货币衡量，却真正成为生活支柱的东西，增强大众对历史遗产的保护意识，自觉地维护身边的历史遗存。

另一方面，面对外来文化、克隆文化的渗透，地域文化、传统风俗被逐渐同化，我国城市社会传统的思想意识、价值体系受到西方文化的强烈冲击，地域文化的历史文化遗产理所当然地承担起维护地域文化的责任——弘扬传统文化精华，促进历史文化与时代文化的整合，引领城市文化价值观的正确走向。

（4）建立良好的社会秩序

历史遗产作为人类伟大思想的结晶，不仅在内涵上拥有某种具体的价值和意义，就社会整体而言，它也充当着一种价值标准，即人类对"真"与"美"的追求，而这一标准正是文明的社会秩序建立的基石。

在一些传统社区中，被当地人引以为豪的历史遗产是地方居民精神秩序的象征。保存、重建由历史过程所形成的文化氛围，则培育出一种当地居民热爱自然和历史环境、追求美好生活的共同的意愿，成为社会面向未来生活秩序重建的基础。

（5）塑造民族精神气质

由于历史文化遗产还包含了集体"心理结构"的范畴，对其保护有利于培养民族的精神气质。在对历史遗产的认知与审美过程中，塑造民族共同的价值观与审美心理，进而塑造了民族的精神气质。遗产资源的这一属性，使其通过与特定的人群建立精神上的联系，而引起集体社会意识的共鸣，从而形成一种塑造民族精神气质的凝聚力。与之类似的遗产还包括我国各地的人民英雄纪念碑等。

2.经济价值的意义

随着市场经济的发展，人们发现历史文化遗产能够产生可观的经济收益，历史文化遗产的经济价值也逐渐成为人们关注的焦点。

历史遗产的经济功能是巨大的和多方面的，但我们常常仅注意到作为旅游资源的价值而对其他方面重视不够。西方国家从 20 世纪初便开始把历史遗产看作一种"文化资源"（cultural resources），甚至更有甚者，将其看作是"文化资金"（cultural capital），充分意识到遗产的经济价值，进而在实践中采取一种倾向于政府与市场相结合的保护利用方式。

在当前我国社会主义市场经济体制下，市场原则已经成为一种普遍性的社会准则和运行机制，历史遗产的价值判断与管理运作不可能也不必回避市场这只看不见的调节之手。因此，我们必须关注历史文化遗产所蕴含的经济价值的各种意义，一方面是为了更准确地判断其综合价值，另一方面也为实施有效保护和利用提供经济效益的考量。它的意义主要表现在以下几方面。

（1）促进城市经济发展

文化与经济是一种相互促进的关系。城市形成之初，是以经济为基础，经济推动着文化的发展；随着文化日益昌盛，又使之反过来成为经济的基础，成为经济发展的动力。文化对经济的推动力称为文化力，文化作用于人，不管有形还是无形，都影响着居民的文化素质，从而影响到经济的发展。历史遗产的文化优势也必然转化为巨大的经济发展动力。

（2）铸造特色文化产品

各个地方的历史与文化各具特色，是在特定的自然环境与社会条件下形成的，因而其产出的商品（尤其手工制品）都或多或少地带有地方文化的气息。例如，曲阜的孔府家酒、苏州的宋锦刺绣等，都包含着特有的历史文化内涵。进入 21 世纪后，知识经济的重要性日趋凸显，产品的文化内涵是否丰富对其市场地位具有决定意义。地方历史文化遗产对经济的贡献还体现在将地域独特的历史文化信息注入生产的商品中，打造特色文化产品，这不仅会极大提高产品的质量及其知名度、美誉度，也反过来成为城市的文化名片。

（3）吸引资金、聚集企业

文化是企业发展的灵魂，现代企业发展多以悠久的企业文化为依托。在拥有丰富历史文化遗产的城市中从事生产和经营，可利用城市的文化底蕴为其生存和发展营造良好的环境。从这点上看，历史文化名城给企业提供的经济与文化环境更具潜力，使企业的发展前景更加广阔。正因如此，丰厚的历史文化遗产成为一座城市吸引资金、聚集企业的特殊资本。

（4）带动文化产业发展

文化从人们的日常生活进入产业活动，是专门的文化服务劳动者出现之后开始的。专门的文化劳动部门分为两部分：一部分根据国家或社会的需求提供公共文化服务产品，其劳动耗费由国家或社会补偿，称为文化事业；另一部分，文化劳动者根据消费者个人的需要提供服务，其劳动耗费由消费者补偿，在市场法则中通过商品交换实现，称为文化产业。历史文化名城拥有丰富的历史文化资源，具有发展文化产业的优良条件。进入市场经济后，我国一些文化事业也逐步产业化，发挥出了巨大的社会和经济效益。历史文化遗产合理保护与利用的关键在于找准文化事业与文化产业之间的结合点，使之既能满足市民基本的文化需求，也能带动文化产业欣欣向荣地发展。

（5）提升旅游产业成熟度

旅游业为消费者提供的核心产品是作为消费旅游目的的自然景观和人文景观，随着寻求文化享受越来越成为现代旅游的一种风尚追求，文化旅游在各地的发展便逐渐升温。文化旅游泛指以鉴赏异地传统文化、追寻名人遗踪或参加地方民俗文化活动为目的的旅游方式。在我国文化旅游大致可分为以下四个层面，即以文物、史记、遗址、古建筑等为代表的历史文化层；以现代文化、艺术、技术成果为代表的现代文化层；以居民日常生活习俗、节日庆典、祭祀、婚丧、体育活动和衣着服饰等为代表的民俗文化层；以人际交流为表象的道德伦理文化层。

在上述涉及的内容中，历史文化遗产本身是承载着历史文化意义的人文景观，同时，它们的存在使周边的自然景观更具体验价值和文化意味，因而极大地提升了依托历史资源、打文化牌的文化旅游产业的成熟度，成为旅游产业走向成熟阶段的基石和原动力。

第三章 历史文化遗产资源保护与传承

一、历史文化遗产保护的相关法律

（一）国外历史文化遗产保护的相关法律文件

1.《威尼斯宪章》

1964 年 5 月，从事历史文物建筑工作的建筑师和技术人员在威尼斯举行了第二次国际会议。此次会议通过了一项决案——《威尼斯宪章》。因该次会议在意大利举行，故该宪章的内容很大程度上受到了意大利历史建筑保护修复理念的影响，尤其是布兰迪的修复观念。宪章肯定了历史文物建筑的重要价值和作用，将其视为人类的共同遗产和历史的见证。宪章分定义、保护、修复、历史地段、发掘和出版 6 部分，共 16 条。《威尼斯宪章》是对 19 世纪以来欧洲遗产保护的一个总结，它汲取了 19 世纪欧洲关于历史建筑保护的主要学派的有益思想，全面发展了意大利学派的理论。它所提出的理论和原则在国际上逐渐被认可和接受，成为现代国际遗产保护的理论基础和原则。

（1）《威尼斯宪章》对现代国际遗产保护的贡献

《威尼斯宪章》的精神是基于历史主义的理论观点和理性主义的科学态度，这使得它成为 20 世纪最具影响力的国际保护文献。《威尼斯宪章》对现代国际遗产保护的贡献在于：①保护历史文化遗产，不仅要关注其过去和历史，还必须关注其现在和未来；②对历史价值的尊重是《威尼斯宪章》的核心思想；③科学的技术手段和研究方法是现代意义上的遗产保护的可靠保证和显著特征。

（2）《威尼斯宪章》对我国遗产保护的贡献

从 20 世纪 80 年代开始，随着我国改革开放的深入，我国的文物保护工作者也逐渐与国际文物保护组织开始进行种种接触与交流活动，《威尼斯宪章》被介绍到国内，并引起了业内对如何认识文物的历史价值的讨论。它所提出的保护原则也逐渐被广大的中国文物保护工作者所了解，并成为中国文物古迹保护的基本原则。

2.《保护世界文化和自然遗产公约》

1972 年 11 月 16 日，联合国教科文组织在巴黎召开了第 17 届会议，为了组织和促进各国政府及公众在世界范围内采取联合的保护行动，通过了《保护世界文化和自然遗产公约》，也称为《世界遗产公约》（The World Heritage Convention）。公约于 1975 年 12 月 17 日开始生效。《世界遗产公约》首次提出了"世界遗产"这一概念，将历史遗留的价值扩大到全世界人民共有的高度，形成国际化、标准化的遗产评估标准，从而很好地削减了不同地区、不同文化背景下的历史文化遗产纷争问题。公约将人类与各国的"世界遗产"之间的关系定义为"托管者"与"被托管物"。同时，人类作为历史文化遗产的"托管者"，并不拥有其所有权，反而是要承担不可推卸的保护责任，更好地保护"世界遗产"。

3.《内罗毕建议》

1976 年 11 月，联合国教科文组织第 19 届大会在肯尼亚首都内罗毕召开。大会通过了《内罗毕建议》。《内罗毕建议》的核心思想是"整体保护"，这是建立在 20 世纪 70 年代欧洲议会举行的一系列会议、讨论会的基础上的。它的形成表明整体保护的概念已经趋于成熟，遗产保护工作已经转入整体保护的新的发展阶段。

4.《巴拉宪章》

1979 年 8 月，国际古迹遗址理事会澳大利亚国家委员会在巴拉通过了《国际古迹遗址理事会澳大利亚国家委员会关于保护具有文化意义的场所的宪章》（简称为《巴拉宪章》）。并于 1981 年 2 月 23 日、1988 年 4 月 23 日和 1999 年 11 月 26 日通过了修订案。

《巴拉宪章》在"序言"中首先明确了保护"具有文化意义的场所"的目的，"具有文化意义的场所丰富了人们的生活，提供了与社区和景观、与过去的和现在的体验的更深层次的、有激发意义的联系。它们是历史记录，作为澳大利亚的认同与体验的物质性表达是重要的。具有文化意义的场所反映了我们社会的多样性，告诉我们自己是谁，也告诉我们哪些构成了澳大利亚民族和自然景观的历史。它们是不可替代的、珍贵的"。对于"具有文化意义的场所"保护的各种方法都进行了明确的定义，并提出了保护"具有文化意义的场所"的原则。

5.《佛罗伦萨宪章》

1981 年 5 月，国际古迹遗址理事会与国际景观建筑师联盟（IFLA）在佛罗伦萨举行会议，制定了保护历史园林的宪章，以古城佛罗伦萨命名。1982 年 12 月，《佛罗伦萨宪章》被国际景观建筑师联盟通过，作为《威尼斯宪章》的附件生效。

《威尼斯宪章》没有将历史园林包括在内，《佛罗伦萨宪章》即是对此的补充。《佛罗伦萨宪章》是以《威尼斯宪章》的总体精神为原则的，是在它所确立的理论框架内结合历史园林的特殊性而制定的。历史园林的这种特殊性是历史园林的主要构成要素之一植物所赋予的生命力，历史园林是活的建筑遗产——"历史园林的面貌反映着季节循环、自然荣枯与艺术家和工匠们希望使之恒久不变的愿望之间的反复不断的平衡"。因此，保护历史园林的最基本的方法就是持续不断地、精心地保养和维护历史园林所在的物质环境的生态平衡。精心地保养一方面是进行日常的养护，另一方面是对新陈代谢的各种植物要素进行有计划的更新，以使历史园林的总体面貌保持在一个成熟的、稳定的、健康的状态。

6.《实施世界遗产公约操作指南》

1987 年 1 月，联合国教科文组织世界遗产委员会在 1986 年的第一次会

议上通过了《实施世界遗产公约操作指南》。《实施世界遗产公约操作指南》总结了《威尼斯宪章》实施几十年来保护工作所取得的科学成果，对文化遗产的概念、价值、意义和保护文化遗产的目的及原则、《威尼斯宪章》的理论价值进行了清晰的阐述和说明，并且再次明确了保护工作的目的、意义和今后的工作方向。

7.《华盛顿宪章》

1987年10月，国际古迹遗址理事会第8届全体大会在华盛顿通过了《华盛顿宪章》。这是关于历史城市保护的最重要的国际文件，是历史城市和历史地区的保护工作开展多年以后的经验的全面总结。

《华盛顿宪章》在"历史地区"的基础上提出了"历史城市"（Historic Towns），把"整体保护"的概念加以扩大和提升。明确了"不论是经历了时间逐渐地形成的，还是精心创造出来的，所有的城市都是社会的多样性在历史中的表达"，这是城市具有的作为人类记忆的见证者和物质载体的基本属性。

8.《奈良文件》

1994年11月，世界遗产委员会第18次会议在日本古都奈良召开。会议以《实施世界遗产公约操作指南》中的"真实性"问题为主题展开了详尽的讨论，形成《奈良文件》。《奈良文件》的制定是为了对文化遗产的"真实性"概念以及在实际保护工作中的应用作出更详细的阐述。它是根据《威尼斯宪章》的精神，并结合当前世界文化遗产保护运动发展的状况形成的。

9.《会安议定书》

2001年3月，联合国教科文组织在越南古城会安制定了《关于亚洲最佳保护实践的会安议定书》（简称《会安议定书》）。此议定书是"在亚洲文化的语境中确认和保存遗产真实性的专业导则"，它所关注并尝试解决的核心问题是在亚洲语境中如何确保真实性。

《会安议定书》包括"序言""意义与真实性""关于真实性的信息的来源""真实性和非物质文化遗产""对真实性的各种威胁""遗址保护的前提条件""亚洲问题""亚洲的特定方法"八个部分的内容。

在"序言"中，阐释了"亚洲语境中真实性的定义和评估"这一问题，"在亚洲，遗产的保护应该是而且将总是一种调和各种不同价值的协商解决的结果"，而这种协调解决多方问题的方法正是亚洲文化的一种内在价值；"真实性的保护是保护的首要目标，是必不可少的"；在亚洲的保护实践的专业标准中应该对遗产真实性的认定、记录、防护和保持问题加以明确、清楚的说明。

第八部分"亚洲的特定方法"是《会安议定书》的主体内容，分为"文化景观""考古遗址""水下文化遗址""历史城市与历史建筑群""文物、建筑物和构筑物"五个部分，每部分均包括"定义""框架概念""保护的威胁""真实性保护的措施"四个方面的内容。真实性保护的措施具体包括真实性的认定和记录，保护真实性的物质方面的内容，保护真实性的非物质方面的内容，遗产与社区、公众的关系。

《会安议定书》是《奈良文件》之后又一部以遗产的真实性为主题的重要国际文件。它是基于亚洲文化遗产保护的特点、真实性的现实问题与亚洲地区的文化遗产保护的实践提出的，注重的是对保护实践的具体指导作用。

（二）国内历史文化遗产保护的相关法律文件

1.《古物保存法》

我国文化遗产保护的立法可追溯到《古物保存法》。它于1930年6月由"中华民国"国民政府公布，共14条，对古物的定义、保存、登记、采掘、流通以及保管机构的组织等内容作了概括性的规定。这是我国历史上由中央政府公布的第一部文物保护成文法，是制定其他文物保护法规的基础。次年7月又公布《古物保存法实施细则》，就《古物保存法》的施行作出详细解释。

2.《文物保护管理暂行条例》

1949 年中华人民共和国成立后，中央人民政府先后颁布了一系列法令，保护历史上流传下来的珍贵文物和重要历史建筑。1953 年、1956 年，中央人民政府分别颁布了《关于在基本建设工程中保护历史及革命文物的指示》及《关于在农业生产建设中保护文物的通知》。后者包含了选定文物保护单位的基本原则。遵照其指示，各省级人民政府开始了第一次全国性的文物大普查，并很快公布了第一批省级文物保护单位。1961 年 3 月 4 日，国务院颁布《文物保护管理暂行条例》，明确规定了国家文物保护范围及文物保护单位的评定标准，并将文物保护单位纳入建设规划。同时，国务院还发出了《关于进一步加强文物保护和管理工作的指示》，公布了第一批 180 个全国重点文物保护单位。

3.《文物保护法》

进入 20 世纪 80 年代，在改革开放的大背景下，文化遗产保护立法取得历史性突破。1982 年 11 月 19 日，第五届全国人民代表大会常务委员会第二十五次会议通过《文物保护法》，同日起施行。这是中华人民共和国成立以来第一部正式的文化遗产保护方面的法律，其后于 1991 年、2002 年、2007 年、2013 年、2017 年数次修订。该法"为了加强对文物的保护，继承中华民族优秀的历史文化遗产，促进科学研究工作，进行爱国主义和革命传统教育，建设社会主义精神文明和物质文明"，依据宪法而制定。该法明确了我国文物工作的方针是"保护为主、抢救第一、合理利用、加强管理"，规定了文物的类别及分级保护制度，还提出了历史文化名城以及历史文化街区、村镇的概念，要求依法予以保护。

4.《历史文化名城名镇名村保护条例》

1993 年，国家文物部门及建设部门开始《历史文化名城保护条例》的拟订工作。经过多次向国务院相关部门及各省市自治区建设厅和规划部门征求意见，以及数次重大修改，《历史文化名城名镇名村保护条例》于 2008 年 4 月 2 日国务院第三次常务会议上通过，自 2008 年 7 月 1 日起施行。该条例就历史文化名城名镇名村的申报与批准、保护规划、保护措施等作了规定。

5.《城市紫线管理办法》

建设部门颁布的《城市紫线管理办法》是关于城市历史文化街区和历史建筑保护的部门规章。2003 年 11 月 15 日于原建设部第二十二次常务会议上审议通过，2004 年 2 月 1 日起实施。该办法所称城市紫线，"是指国家历史文化名城内的历史文化街区和省、自治区、直辖市人民政府公布的历史文化街区的保护范围界线，以及历史文化街区外经县级以上人民政府公布保护的历史建筑的保护范围界线"。该办法要求在编制城市规划时应当划定保护历史文化街区和历史建筑的紫线，并对城市紫线范围内的建设活动实施监督、管理。

6.《风景名胜区条例》

风景名胜区以自然景观为基础，自然与文化融为一体，与自然保护区、文物保护单位 / 历史文化名城并列为国家三大法定遗产保护地。风景名胜区承载着大量的文化遗产内容。1982 年，国家正式建立风景名胜区制度。1985 年，国务院颁布了我国第一个关于风景名胜区工作的法规——《风景名胜区管理暂行条例》。2006 年，国务院颁布《风景名胜区条例》，强化了风景名胜区的设立、规划、保护、利用和管理。2016 年对其进行了修订。

7.《水下文物保护管理条例》

水下文化遗产保护的概念在中国最早源自水下考古学的西学东渐。由于种种原因，我国的水下文化遗产保护、研究长期处在相对薄弱的状况。直到 20 世纪七八十年代，中国海域大批水下文化遗产的流失，使主流学者认识到保护水下文化遗产的必要性，水下文化遗产保护工作逐渐开展起来。1989 年 10 月 20 日，国务院颁布《中华人民共和国水下文物保护管理条例》（简

称《水下文物保护管理条例》），为国家水下文化遗产保护工作提供了政策依据和法律保障。2011 年予以修订。

8.《非物质文化遗产法》

2000 年，全国人大教科文卫委员会、文化和旅游部、国家文物局联合召开"全国民族民间传统文化保护立法工作座谈会"，起草了《中华人民共和国民族民间传统文化保护法（草案）》，该法案于 2002 年 8 月被正式报送全国人大教科文卫委员会，后更名为《中华人民共和国非物质文化遗产法》（简称《非物质文化遗产法》）。由中华人民共和国第十一届全国人民代表大会常务委员会第十九次会议于 2011 年 2 月 25 日通过，自 2011 年 6 月 1 日起施行。该法案就非物质文化遗产调查、代表性项目名录、传承与传播进行了规范，确认了非物质文化代表性项目名录制度和代表性项目代表性传承人保护制度。对于属于非物质文化遗产组成部分的实物和场所，属于文物的，与《文物保护法》进行衔接。

二、文化遗产保护方法与原则

（一）文化遗产保护方法

不同类型的文化遗产，其保护方法也各有侧重。通常有以下几种方法。

1.维护、保存

通常对于可移动文物和遗址、建筑类的不可移动文物，维护、保存是基本的做法。维护是对文化遗产构件及其环境进行持续的保护与照管。《威尼斯宪章》指出，"古迹的保护至关重要的一点在于日常的维护"。保存指保持遗产的现有状态，延缓其恶化。鉴于随着时间的流逝，遗产都会以不同的速度发生改变，"保存"并非无所作为的不干预政策，相反，保持遗产的现有状态以及防止其恶化的工作需要投入大量的人力、物力资源。

下面以龙门石窟的保护为例予以说明。

龙门石窟是我国佛教艺术的宝库，2000年被列入世界遗产名录。一直以来，龙门石窟面临危岩崩塌、石窟风化、洞窟渗漏三大威胁。从20世纪70年代开始，以奉先寺为开端，用锚杆加固、化学灌浆的工程技术手段实施了黏结加固为主的岩土保护工程。1987—1992年的五年综合保护工程，修建了保护围墙、游览栈道，加固了大部分岩体洞窟，基本解决了龙门石窟的稳定性问题。洞窟渗漏普遍存在于各大小洞窟，危害严重。从2007年开始相继完成龙门东西两山的地质勘查、施工，先后开展了"擂鼓台区域洞窟漏水治理工程""万佛洞区域综合治理工程"和"潜溪寺漏水综合治理工程"，达到了解决洞窟渗漏的预期目标。日常维护是遗产保护的基础工作，及时巡视、发现石窟存在的微小病变，及时采取必要的措施，以简单、实用的方法处理、维护，是石窟日常保护必不可少的工作内容。2013年6月开始进行龙门石窟监测预警体系建设，对龙门石窟区域环境、洞窟微环境、文物本体病害、大气环境质量等进行连续自动监测，通过无线传输将相关数据汇入监测平台，这些工作对石窟"延年益寿"起到了积极的作用（图3-1）。

（a）修缮前　　　　　　　　　　　　　　　（b）修缮后

图 3-1　龙门石窟

2. 修复

　　修复是将文化遗产现有的构件，通过拆除后来添加的部分或是在不采用新材料的情况下重新组装现存的组件，以恢复到已知的早期状态。修复必须严格遵循以下两个原则：一是修复和补缺的部分要跟原有部分形成一个整体，保持景观上的和谐一致，有助于恢复而不是降低它的艺术价值和信息价值；二是任何增添部分都必须跟原来的部分有所区别，使人们能够识别哪些是修复的、当代的东西，哪些是过去的原迹，以保持文物建筑的历史可读性和历史艺术见证的真实性，即整体性和可识别性原则。《威尼斯宪章》规定："修复过程是一个高度专业性的工作，其目的旨在保存和展示古迹的美学与历史价值，并以尊重原始材料和确凿文献为依据"，以及"无论在何种情况下，修复之前及之后必须对古迹进行考古及历史研究"。对于修复需要严谨、审慎地对待。

3. 重建

针对不可移动文化遗产的"重建"一直是中国传统的文化遗产保护活动的重要内容。历史上，被毁文化遗产重建的事例不胜枚举，重建曾是保护文化完整性和传承性的一种方式。尽管《威尼斯宪章》规定"对任何重建都应事先予以制止，只允许重修，也就是说，把现存但已解体的部分重新组合"，不过，国际上被毁遗产重建的事例屡见不鲜，"重建"也逐渐被接受为一种文化遗产保护方式。从国际上来看，国际古迹遗址理事会对重建的认可始于1982年通过的、对于历史园林给予保护的《佛罗伦萨宪章》。其后，1990年通过的《考古遗产保护和管理宪章》、2008年颁布的《文化遗产地解说与展示宪章》均肯定了被毁遗产重建的意义。澳大利亚古迹遗址理事会的《巴拉宪章》将重建与修复同视为"将一个地点恢复到已知的早期状态"的手段，两者的区别在于，"重建会将新材料引入构件之中"，而"新材料可能包括从其他地点收集到的再利用的废料，此举不应当对文化意义的任何方面造成损害"。在遗产保护领域影响巨大的《保护世界文化与自然遗产公约》，其《实施世界遗产公约操作指南》自1980年版开始就有条件地接受重建。该操作指南指出：考古遗址或历史建筑、历史街区的重建只有在特殊情况下才是正当的。重建只有基于完整、详细的文献记录，没有任何臆测的情况下才是可接受的。1994年《奈良文件》的颁布，实际上承认了亚洲遗产重建方式的合法性。符合一定条件和标准的重建在文化遗产保护领域已经建立起合法地位。

与国际上的主流观点相一致，我国的《文物保护法》不提倡对已毁坏的不可移动文物进行重建，但也不是绝对禁止。《文物保护法》第二十二条规定："不可移动文物已经全部毁坏的，应当实施遗址保护，不得在原址重建。但是，因特殊情况需要在原址重建的，由省、自治区、直辖市人民政府文物行政部门报省、自治区、直辖市人民政府批准；全国重点文物保护单位需要在原址重建的，由省、自治区、直辖市人民政府报国务院批准。"

随之而来的问题是，重建需要进行大量的调研工作，准确确定遗址原貌；如果遗址历史悠久，还须决定将其恢复到哪一个历史时期。在实践中，对被毁遗产原貌的确认，对于跨越较长历史时期的被毁遗产恢复时代的确定往往复杂而易引起争论。波兰华沙第二次世界大战后的重建之所以得到世界遗产委员会的肯定，使华沙成为被列入世界遗产名录的第一座重建城市，是因为它依据保存清晰完整的档案资料，严格按原样重建。

事实上，鉴于中国古建筑重建的传统，以及近年各地发展旅游业的需要，遗址、古建筑、历史街区的重建相当多见，既有有利于遗产研究、阐释、展示的积极面，也有违背遗产保护原则，对遗产造成伤害的消极面，需要加强管理与监督，维护遗产的真实性。

（二）文化遗产保护原则

文化遗产保护的基本原则，在国际及中国的相关法律文件中都有所阐明，前面的论述也已涉及。这里再作归纳，大致有四条。

1.保护为主

无论是联合国教科文组织会议通过的，还是世界各国制定的关于文化遗产的法规性文件，大多以保护文化遗产为基点。

《文物保护法》第四条明确指出，文物工作基本方针的首要内容就是"保护为主，抢救第一"。《非物质文化遗产法》则特别规定，非物质文化遗产的利用和开发，必须是"在有效保护的基础上"。

"保护为主"，意味着对文化遗产虽然是保护与利用不可偏废，但两者毕竟有主有次、有先有后，不可本末倒置、先后颠倒。遵循"保护为主"的原则，就是要求人们在利用文化遗产时首先做好保护工作，要求人们只能是

在对文化遗产的原真性和完整性或原生性和传承性做好有效保护的前提下进行利用。这实际上反映的是国际共识，也是世界各国在文化遗产保护与利用工作中实际遵循的原则。

"抢救第一"，是中国政府针对现阶段文化遗产保护的严峻形势提出的工作方针。提出这一方针，也是对"保护为主"原则的补充，也进一步突出了"保护为主"的重要性。抢救濒危的文化遗产就是保护文化遗产，"第一"就是为首、为主。随着全球化趋势的加强和现代化进程的加快，文化遗产受到的破坏和损失越来越严重。尤其是非物质文化遗产，受到的冲击越来越大。一些依靠口授和行为传承的文化遗产正在不断消失，许多传统技艺濒临消亡，大量珍贵的实物和资料遭到毁弃或流失境外。因此，保护文化遗产，首先必须抢救文化遗产。

"保护为主，抢救第一"方针的提出，是为了使文化遗产这一珍贵资源得到保存以资利用。利用文化遗产，首要在于遵循和贯彻"保护为主"的原则。

2.合理开发

文化遗产的开发，指将文化遗产作为资源而加以利用；文化遗产的利用，是对文化遗产资源效能的开发。开发与利用，语意大体相同，只是在习惯表述上似乎有着程度的高低。中国政府确定的文化遗产保护基本方针，强调了"合理利用"。合理利用，就意味着合理开发。

合理，即合乎事理。文化遗产的合理开发，即开发必须符合文化遗产的事理。文化遗产的事理，简言之就是国务院下发的《关于加强文化遗产保护的通知》中指出的"文化遗产是不可再生的珍贵资源"。符合这一事理的文化遗产开发，应该做到如下基本的三点。

首先，在不损害文化遗产原真性和完整性或原生性和传承性的基础上进行开发，也即在保护好文化遗产的前提下进行开发。开发的对象是文化遗产，开发的方式和过程往往会直接或间接地触及甚至作用于文化遗产。但由于文化遗产是不可再生的，文化遗产的开发也就绝不允许对其造成损害。当然，倘若是脱离了文化遗产保护地点和生存环境的产业化开发，如将文物仿制为工艺品，将民间文艺改编为表演节目或网游产品等，则不必限于此要求。

其次，根据文化遗产的具体特性和存在环境进行有针对性的开发，充分发挥文化遗产的资源效能。文化遗产是珍贵资源，当然应该充分利用和有效开发。文化遗产包括物质的和非物质的多种形态，充分发挥文化遗产的资源效能，就必须针对具体文化遗产的特性进行适宜的开发。对于静态的物质文化遗产，尤其是建筑类的文化遗产，应该着重开发其可读性和观赏性；对于动态的非物质文化遗产，应该着重开发其传承性和娱乐性。尽管对两者的开发都在于着重发掘和突出其历史价值和艺术价值，以让人们充分了解其历史文化信息并获得审美愉悦，但开发和利用的方式方法是明显不同的。即使对于同类或同种的文化遗产，由于它们存在环境不同，也需要因地制宜地采取不同开发方式。

最后，以追求文化遗产保护与利用的双赢为目标的开发，真正做到保护宜于利用、利用促进保护。文化遗产的资源效能应予以开发，但开发的着眼点是既要追求经济效益、社会效益，又要顾及保护效果，基于管理文化遗产两个方面的一致性而寻求保护与利用的平衡点，力争实现保护与利用的双赢。文化遗产的开发，只能是立足保护、服从保护的开发，绝对不可一味追求经济利益的最大化而有损于文化遗产的保护。

当今文化遗产利用的实践，多有对文化遗产的人工化、商业化的过度开发和碎片化、改造化的随意滥用，尤其是对非物质文化遗产的利用有着较严重的商业化、改造化的倾向，甚至为了逐利而全然不顾文化遗产的原真性和完整性或原生性和传承性。因此，必须强调利用文化遗产的合理性，绝不允许过度开发和随意滥用。

3.传承发展

传承发展主要是针对非物质文化遗产而言的。国务院下发的《关于加强文化遗产保护的通知》阐明的非物质文化遗产保护的十六字基本方针中，最后四字即"传承发展"。《非物质文化遗产法》则将"传承与传播"规定为非物质文化遗产保护的一项基本制度。

传承发展意味着通过传授和传播而使非物质文化遗产得以继承和发展，故对非物质文化遗产既是保护，又是开发。

非物质文化遗产的传授者、传播者和继承者、接受者，狭义言之，指非物质文化遗产表现形式的传授者（如民间艺人）和继承者（如民间艺人的子孙或徒弟）；广义言之，也指非物质文化遗产表现形式的所有传播者和接受者。民间文艺如果没有受众，就会自然消失；民俗活动如果没有参与者，也会自然消失。非物质文化遗产的传承活动不仅直接体现其历史、艺术和科学等综合价值，而且往往直接与经济利益挂钩，正如民间文艺的表演或作品需要受众付酬，民俗活动需要践行者的投入和参与者的消费，因此，非物质文化遗产的传承活动的开展，也就直接或间接地发挥出非物质文化遗产的经济和社会效能。大力开展非物质文化遗产的传承活动，实际上就是大力开发非物质文化遗产的资源效能。

非物质文化遗产的表现形式和文化空间，在历史的传承过程中必然会因世情时序的变化而变异。若不随世情时序而变异，非物质文化遗产就会失去当世沐浴时代新风的受众而成为历史陈迹。因此，非物质文化遗产的传承，实际上也是发展，只是其以往的发展是在传承人自觉或不自觉的传承活动中进行的。迄今遗存的非物质文化，其传承的历史也即发展的历史。入选《世界非物质文化遗产名录》和中国《国家非物质文化遗产名录》的非物质文化遗产，更是在历史传承过程中有着重大发展。这样说来，非物质文化遗产的传承需要发展，只有发展才可传承。非物质文化遗产的开发，就需要自觉地、积极地发展非物质文化遗产。非物质文化遗产的资源效能的充分发挥，取决于其发展的状况和程度。

对于活态的非物质文化遗产，不可能进行静止的原生态保护。利用非物质文化遗产，就应该在不损害非物质文化遗产的基本特性的前提下，大力传承，积极发展。

4. 永续利用

永续利用，即要求对文化遗产的开发必须确保文化遗产得以永久而持续利用。具有深厚底蕴和诸多方面价值的文化遗产，只有在永续利用中才能充分发挥其资源效能。就具体的文化遗产而言，在不同时代因世情时序的变化而会凸显出其蕴含的不同的文化价值。因此，可以根据世情时序的变化而大力发掘文化遗产为当世人们所需要的文化价值。世世代代所做因需制宜的开发，即永久持续的利用，也就能够充分发挥文化遗产的资源效能。

文化遗产是人类发展的根基和保证，并不只属于当世的某一民族或群团，而是属于全人类及其子孙后代。因此，对文化遗产的利用，既出于现实发展的需要，也要着眼于人类的未来。着眼于人类未来而利用文化遗产，就必然要以"永续"为原则。

《威尼斯宪章》指出，人们越来越意识到人类价值的统一性，将作为人类历史见证的古代遗迹看作共同的遗产，"认识到为后代保护这些古迹的共同责任"。《保护非物质文化遗产公约》强调，非物质文化遗产是可持续发展的保证。诚如所言，子孙后代的永久享有和人类社会的可持续发展，都有赖于完好地保护和可持续地利用文化遗产。

可持续地利用文化遗产，必须在文化遗产的开发中落实科学发展观。坚持以人类利益为本，以可持续发展为追求，制定出文化遗产保护与利用规划，做到全面协调和统筹兼顾，即全面保护与利用文化遗产并在保护与利用中进行各方面、各环节的协调，统筹文化遗产保护与利用的步骤、措施，并兼顾物质文化遗产与非物质文化遗产、保护与利用、当前与今后、近期与将来等。如此，才能使文化遗产的开发得以持续不断，使文化遗产的效能得以长久发挥，使人类社会的可持续发展得到切实保证。

三、文化遗产保护观念

（一）文化遗产保护观念的演变

1.从注重艺术性到遵循科学原则

尽管源于考古学的近代遗产保护在观念上具有科学与艺术并重的特点，但尚未发展成为一门严谨的学科。18世纪末至19世纪上半叶，注重艺术性的"哥特复兴"和"风格复原"造成了对历史遗产真实性的破坏，于是以艺术法则为标准的遗产保护开始受到质疑。

自 19 世纪中期开始，实证主义哲学和现代科学与技术的发展使人们对历史的复杂性和客观性的认识进一步加深。随着历史研究从文学转向科学，一种辨别真伪的科学历史研究方法开始成为主流。这就出现了一个新的、评价性的时代，历史保护领域中的"原真性"概念因此得到定义。过去建立在超越价值判断的理想化美学逻辑基础上的修复法则遭到了越来越多的批评，形成了所谓的"反修复运动"，并逐渐成为现代西方保护理论中所强调的"原真性"思想的起源。

1931 年，《关于历史性纪念物修复的雅典宪章》指出，应确保古迹的历史特征不受损害，并就此提出了一系列具体的手段和要求。1933 年的《雅典宪章》(《城市规划大纲》) 也提出了保护好代表一个时期的有价值的历史遗存在教育后代方面的重要意义，并确定了历史遗存保护的科学性原则。1964年制定的历史遗产保护领域的权威性文件《威尼斯宪章》强调了这一思想，提出对历史古迹"我们必须一点不走样地把它们的全部信息传下去"，在使用时"决不可以变动它的平面布局或装饰"，修复时"目的不是追求风格的统一"，且"补足缺失的部分，必须保持整体的和谐一致，但在同时，又必须使补足的部分跟原来部分有明显的区别，防止补足部分使原有的艺术和历史见证失去原真性"。此后这个概念扩展到文化遗产保护的所有领域，成为遗产保护领域中最核心的概念。

1994 年 11 月，来自 28 个国家的 45 位与会者在日本古都奈良专门探讨了如何定义和评估原真性的问题。会议最后形成了与世界遗产公约相关的《奈良文件》。《奈良文件》首先强调了"文化多样性与遗产多样性"，然后将"信息源的可靠性与真实性"作为评判"原真性"的重要基础 (张松，2001)。

2. 从单体文物古迹保护到整体历史环境保护

西方早期的历史保护体现了社会精英的历史观，是带有较多理想主义色彩的工作，对历史遗产的关注也主要集中在美学方面，主要关注的是单体文物古迹的保护问题。历史环境整体保护的思想萌芽于 1931 年的《关于历史性纪念物修复的雅典宪章》，该宪章提出要注意保护历史遗址周围的环境：

"历史建筑的结构、特征及它所属的城市外部空间都应当得到尊重，尤其是古迹周围的环境应当得到特别重视。某些特殊的组群和特别美丽的远景处理也应当得到保护。"

此后，在 20 世纪 60 年代各个国家和国际古迹遗址理事会相继出台相关法案（宪章），构建了今天遗产保护中整体保护的思想。1962 年，法国制定了第一部保护历史性街区的法令《马尔罗法》，使得明确界定一个保护区的边界成为可能。《威尼斯宪章》中提出了对文物建筑、遗址所在地及其周围一定规模环境进行保护的古迹修复和保护原则。1966 年，日本制定的《古都保存法》，将遗产保护目标扩大到京都、奈良、镰仓等古都的历史风貌，进一步扩大了遗产保护的范围。

1981 年，《巴拉宪章》修正案提出了新的保护对象"场所""文化意义""结构"，以此来代替以前的保护对象"古迹遗址"。场所和文化意义都是对一个环境的描述，而"结构意味着场所所有的物质材料"，这些都表明保护超越了单个具体的实物，保护的对象就是环境本身。之后，《华盛顿宪章》针对历史城镇保护出台了相应的原则和措施，遗产对象在空间范畴上得到了进一步拓展。至此，世界遗产保护的视野拓展到更为宏观的层面，整体保护的思想逐步形成。

3. 从对历史环境的关怀到对现实生活的关照

20 世纪以来人们的世界观与历史观悄悄地发生了变化。新的历史观认为，"历史"是对社会集体经验的解释，不同阶段和地域的文化都有它自身的价值。遗产保护由此从文化精英个人的兴趣爱好转化成为一项全人类共同的责任与义务。

20 世纪 70 年代，在遗产保护领域中专家们将目光投向遗产地的世居居民，开始关注社会持续发展问题，逐渐形成了保护遗产地"生活持续性"的概念。1976 年联合国教科文组织发布的《内罗毕建议》，第一次在遗产保护的国际文件中提出了历史保护过程中要注意保护生活的连续性的重要思想。《内罗毕建议》提出："在保护和修缮的同时，要采取恢复生命力的行动。因此，要保持已有的合适的功能，尤其是商业和手工业，并建立新的发展模

式。为了使它们能长期存在下去，必须使它们与原有的、经济的、社会的、城市的、区域的、国家的物质和文化环境相适应……必须制定一项政策来复苏历史建筑群的文化生活，要建设文化活动中心，要使它起促进社区和周围地区的文化发展的作用。"

之后，在1977年国际现代建筑协会（CIAM）制定的《马丘比丘宪章》进一步提出了历史遗产保护必须与城市发展和居民生活有机结合起来，"在我们的时代，近代建筑的主要问题已不再是纯体积的视觉表演，而是创造人们能生活的空间。要强调的……是城市组织结构的连续性"。该宪章所提出的城市有机发展的思想，使古迹遗址不再仅仅被看作静态的保护对象。国际古迹遗址理事会特别为保护历史城镇与城区制定的《华盛顿宪章》中更加强调了遗产保护与日常生活相结合的问题，提出"历史城镇和城区的保护首先涉及它们周围的居民"。"所有城市社区，不论是长期逐渐发展起来的，还是有意创建的，都是历史上各种各样的社会的表现。"这标志着人们对历史遗产保护的理解和认识已经从过去的针对历史环境的静态的、被动的保存行为上升到了一个动态长期的、主动的保护过程。遗产保护已经不单单是为了过去的记忆而保护，还是为了现在的生活而保护。

4. 从简单对象保护到文化多样性的拓展

从20世纪50年代开始，人们对历史遗产的认识更为全面，从过去物质遗存拓展到生活中各种传统的行为、习俗和技艺。1950年日本颁布的《文化财保护法》将文化遗产的保护内容，在过去的有形文化财、古迹名胜和天然纪念物的基础上，增加了无形文化财、民俗资料及地下文物等三项。之后，联合国教科文组织在1977年制定《联合国教科文组织第一个中期计划》（1977—1983）中，提到了人类文化遗产是"由'有形文化遗产'与'无形文化遗产'两部分组成的"；在1984年制定的《联合国教科文组织第二个中期计划》（1984—1989）中，进一步明确地将文化遗产分为"有形文化遗产"与"无形文化遗产"两大部分。文化遗产的内涵在世界范围内获得了巨大拓展。

（二）文化遗产保护内容

在相当长的一段时间内，我国遗产保护的范围一直拘泥于客观的物质遗存。非物质遗产概念出现后，保护范围有所拓展，然而许多人对非物质遗产的理解只是局限在形式上，如民间艺术、民俗活动等，没有将注意力转移到这些形式所蕴含的思想内容。同时，在对保护对象历史意义的认知上，人们也长期局限在原始意义的泥潭之中，忽略了对过往历史的价值探寻，直到原真性概念的引入。这一概念早在《奈良文件》中就被提出，但直到 2000 年之后，我们的思想才逐步转变过来。

虽然"公众参与"理论在专家们不懈的努力下渐渐走向实践，但在我国的成效甚微。同时，我们不得不承认，目前的遗产保护主要还是依赖于政府的决策和自上而下的推动。虽然许多保护实践由社会资本和民间机构直接施行，但保护、开发、利用的"度"实际上多取决于政府的把控。尤其是在地方，遗产的存亡，很大程度上取决于政府，民间的力量微乎其微。

从纯技术的角度看，我国的遗产保护理论和方法是相对成熟的。然而，现有的社会客观环境，却使得这些由专家们煞费苦心研究出来的成果难以真正实施。许多理论在实践的过程中，在经济法则的作用下，很快被异化。例如，20 世纪 80 年代末理论界提出"以文物养文物"的保护管理思路，意在解决其时全国各地普遍存在的因保护资金不足，文物古迹缺乏修缮，文物保存岌岌可危的现实问题。然而，这一思路却被曲解，在文化、法律、道德机制都还未健全而市场意识已经泛滥的时代背景下，很快被异化，历史遗产成了敛财的工具。

综上所述，目前我国遗产保护实践中比较突出的问题主要体现在保护内容的认识、保护主体的责权界定、遗产分类标准的确立以及保护实践的策略选择四个方面，这也成为市场经济体制下制约我国遗产保护活动有效开展的瓶颈所在。

（三）保护文化遗产的必要性

为什么必须保护文化遗产，保护文化遗产有何重大意义，这在联合国教科文组织及世界各国的相关法规性文件里都有阐明。

《海牙公约》开宗明义地指出："考虑到文化遗产的保存对于世界各民族具有重大意义，该遗产获得国际保护至为重要。"《保护世界文化和自然遗产公约》强调："考虑到现有关于文化财产和自然财产的国际公约、建议和决议表明，保护不论属于哪国人民的这类罕见且无法替代的财产，对全世界人民都很重要……"

《文物保护法》第一条即说明：为了加强对文物的保护，继承中华民族优秀的历史文化遗产，促进科学研究工作，进行爱国主义和革命传统教育，建设社会主义精神文明和物质文明，根据宪法，制定本法。

《非物质文化遗产法》第一条阐明的立法宗旨，与《文物保护法》基本相同。国务院下发的《关于加强文化遗产保护的通知》第一部分进行了全面的阐述和精辟的概括：我国文化遗产蕴含着中华民族特有的精神价值、思维方式、想象力，体现着中华民族的生命力和创造力，是各民族智慧的结晶，也是全人类文明的瑰宝。保护文化遗产，保持民族文化的传承，是联结民族情感纽带、增进民族团结和维护国家统一及社会稳定的重要文化基础，也是维护世界文化多样性和创造性，促进人类共同发展的前提。加强文化遗产保护，是建设社会主义先进文化，贯彻落实科学发展观和构建社会主义和谐社会的必然要求。

归纳起来，保护文化遗产的必要性主要在于：

1.全面地认识民族历史

文化遗产的首要价值，就是历史价值。人们若要全面、准确和深刻地认识民族乃至人类的历史，就必须借助和利用文化遗产。了解史前的人类历史，只能通过原始社会的人类遗存进行了解。不同历史时期的人类历史，因文献记载的缺失或错误，也需要通过文化遗产来印证或补正。

只有通过读书、考古和采风，也即阅读历史文献、考究物质文化遗产和采察非物质文化遗产，人们才能全面、准确和深刻地认识民族、国家乃至人类的历史，从而清楚地了解其历史发展的完整面貌和盛衰变迁，知悉其历史发展的因果关系，揭示其历史发展的演进规律，总结其历史发展的经验教训，科学地预测其历史发展的前景。人们尊重历史传统，遵循历史规律，树立科学发展观并选择正确的发展路线，方可使社会得以持久地、健康地向前发展。

2.提高民众文化素质，满足民众文化生活的需要

文化遗产，是人类知识的凝聚和智慧的结晶。利用文化遗产，人们可以开阔眼界，增长见识，从而提高文化素质。

人们对文化遗产的了解，多是在参观、游览、休闲时对文化遗产的观赏、体验过程中获得的。人们观赏、体验文化遗产的活动，就是文化生活。充分展示和表现文化遗产，能够大大丰富人们的文化生活。

当今社会，人们的文化生活方式，主要是旅游产品和文化产品的消费。文化遗产，则是旅游业和文化产业的重要资源。只有大力发展旅游业和文化产业，才能满足民众文化生活的需要。大力发展旅游业和文化产业，也就必须保护文化遗产。

3.巩固国民经济持续发展的资源基础

文化遗产是十分珍贵的资源，具有不可限量的经济价值。现阶段即使只对文化遗产经济功能进行有限的发挥，文化遗产的保护与利用也已是经济效益巨大的社会事业。

国务院发展研究中心文化遗产课题组编写的《中国文化遗产事业发展报告（2008）》蓝皮书，通过规范的福利经济学分析，参照世界旅行旅游理事会关于旅游对经济贡献的测算方法，首次就文物（物质文化遗产）系统对国民经济的贡献进行了计量测算。经多年发展可让人清楚地认识到：文化遗产事业绝不是财政的包袱，而是社会、经济效益兼备和"投入小、产出大"、"利在当代、益及后代"且能带动相关产业发展的社会事业。因此，有效保护文化遗产，就是巩固国民经济健康持续发展的资源基础。

4.弘扬优秀传统，建设先进文化

文化遗产"是各民族智慧的结晶，也是全人类文明的瑰宝"，只有予以继承和发扬，才能创造民族乃至人类的美好明天。

不过，文化遗产中有精华和糟粕之别。如中国传统的酷刑设施和用具、鼻烟壶和大烟枪、厚葬习俗、缠足习俗、赌博习俗以及文化遗产所反映的颓废意识、低级趣味等，可谓文化遗产中的糟粕。文化遗产中的糟粕，必须予以细致辨析和妥善处理。属于物质文化遗产的，仍可保护展示以反映历史。属于非物质文化遗产的，则可酌情保存以作历史的见证，却不宜传承宣扬，因为它们已被历史证明是腐朽落后而不利于民族乃至人类健康发展的传统文化。

在中国，爱国主义革命传统是特别突出的优秀文化遗产。中国的许多文化遗产，尤其是近现代的大量物质文化遗产和非物质文化遗产，鲜明突出地体现了爱国主义革命传统。中华民族因有爱国主义传统而得以生生不息、发展壮大，中华民族的伟大复兴更加需要继承和发扬爱国主义传统。保护与利用文化遗产进行爱国主义革命传统教育，是建设社会主义先进文化的必要条件和手段。

欲使民族乃至人类健康发展，就必须建设合乎民族根本利益和人类本质要求的先进文化，就必须传承优秀的文化遗产。

5.促进科学研究，利于文明发展

文化遗产，可以说全方位地支持和促进着历史学的研究。关于文化遗产反映、证实、补正、传承历史的历史价值，也都是通过利用文化遗产作为资料而进行历史研究所得出的认识。当今历史学的研究不可不利用文化遗产，也即不可不利用考古所得的出土物质文化遗产资料和采风所得的非物质文化遗产资料，尤其是对于文明时代早期的人类历史。中国学术界多年研究的两大科研项目——"夏商周断代工程"和"中华文明探源工程"，主要是利用考古发现的相关遗址、墓葬、器物等物质文化遗产资料，以及收集的相关非物质文化遗产资料（如大量搜集的古史传说资料），集中国内外的学术力量，展开多学科、全方位的协作攻关来进行的。前者已经取得了阶段性成果，后者仍在深入展开。

具有多方面价值的文化遗产，作为人类创造性文化成果的遗存而涉及社会科学和自然科学的各个领域，因此对文化遗产的充分利用可以不同程度地促进各个学科的科学研究。

科学研究的目的，是解决人类生存和发展中的问题，建设适于人类生存和发展的物质文明和精神文明。文化遗产既是科学研究不可或缺的资料和条件，又是建设物质文明和精神文明的资源和基础。

6. 激发民族情感，增进民族团结

一个国家的文化遗产，主要是这个国家疆域内生活着的民族的文化遗存，具有持久的民族传统和鲜明的民族特色。即使是多民族国家，由于各民族长期共同生活在同一地域空间而有着长期的民族交往和文化交流，其文化遗产也都具有民族文化交融互补的特征。人们观赏本民族或本国的文化遗产，尤其是欣赏非物质文化遗产或参与非物质文化遗产的传承活动，无疑会激发民族情感。

一般而言，国人在博物馆观看通史陈列时，在观赏历朝历代的文物珍品时，会因其展现的悠久历史和灿烂文化而油然生发民族自豪感，也会不自觉地增强民族认同感；在参加各地举行的祭拜先祖，尤其是人文始祖如炎帝和黄帝时，会自然而然地加深认祖归宗的民族感情；在游览近现代重要史迹或参与民俗活动时，会在胸中涌起爱民族、爱国家的激情。

文化遗产的展示或传承，诚然是联结民族感情的纽带、促进民族认同的熔炉。人们因文化遗产而认识到民族团结和睦、交流互动的历史发展和文化创造时，也就会有更强烈的民族团结的意识和追求。

7. 保障社会稳定的文化基础

一个国家及其民族的文化遗产，是其历史发展的见证、文明成就的反映、文化主权的体现和自我形象的展示。保护文化遗产，也就是保卫国家的统一和民族的安全。

一个国家实现了民族大团结，一个国家的人民众志成城，这个国家也

就有了安全的保证，社会也就有了稳定的基础。一个国家的文化主权得以维护，一个民族的自我形象得以彰显，这个国家也就有了安全的条件，社会也就有了稳定的保障。

因此，国务院的《关于加强文化遗产保护的通知》强调，文化遗产是"增进民族团结和维护国家统一及社会稳定的重要文化基础"，要求"从对国家和历史负责的高度，从维护国家文化安全的高度，充分认识保护文化遗产的重要性"。

8. 维护文化多样性

文化遗产的多样性特色，不仅在物质文化遗产方面有着鲜明的体现，而且在非物质文化遗产方面体现得尤其突出。民族习俗有别，国家风尚相异，一个民族的非物质文化遗产，也就是其身份的标志、个性的展现。

历史证明，人类文明的多彩面貌、勃勃生机和辉煌成就，正在于有着多样性的民族、地域文化的争奇斗艳、交流互补和融汇出新。

保护文化遗产，也就是维护既有的世界文化多样性。维护世界文化的多样性，即意味着尊重人权、尊重世界各民族的生存权和发展权，有了相互尊重，也就构建出和谐世界。《世界文化多样性宣言》说得好："在日益走向多样化的当今社会中，必须确保属于多元的、不同的和发展的文化特性的个人和群体的和睦关系和共处。"

不言而喻，保护文化遗产以维护世界文化的多样性，就是维护人类的生命力和创造力，也就是为构建和谐世界、促进人类共同发展做贡献。

（四）保护文化遗产的紧迫性

保护文化遗产的紧迫性，当今已为国际社会所深刻认识。各国政府正是基于这种共识，积极参与联合国教科文组织主导的世界遗产保护活动，同时大力加强本国的文化遗产保护工作。尤其像中国这样处于经济快速发展的发展中国家，保护文化遗产的紧迫性更为突出，近年来我国对文化遗产保护的力度也不断加大。

《保护世界文化和自然遗产公约》的制定和通过，就是国际社会"注意到文化遗产和自然遗产越来越受到破坏的威胁，一方面因年久腐变所致，同时变化中的社会和经济条件使情况恶化，造成更加难以应付的损害或破坏现象。考虑到任何文化或自然遗产的坏变或丢失，都有使全世界遗产枯竭的有害影响"。《保护非物质文化遗产公约》的制定和通过，也是国际社会"考虑到非物质文化遗产与物质文化遗产和自然遗产之间的内在相互依存关系……也与不容忍现象一样，使非物质文化遗产面临损坏、消失和破坏的严重威胁，在缺乏保护资源的情况下，这种威胁尤为严重"。

国务院的《关于加强文化遗产保护的通知》指出："文化遗产是不可再生的珍贵资源。随着经济全球化趋势和现代化进程的加快，中国的文化生态正在发生巨大变化，文化遗产及其生存环境受到严重威胁。不少历史文化名城（街区、村镇）、古建筑、古遗址及风景名胜区整体风貌遭到破坏。文物非法交易、盗窃和盗掘古遗址古墓葬以及走私文物的违法犯罪活动在一些地区还没有得到有效遏制，大量珍贵文物流失境外。由于过度开发和不合理利用，许多重要文化遗产消亡或失传。在文化遗存相对丰富的少数民族聚居地区，由于人们生活环境和条件的变迁，民族或区域文化特色消失加快。"

文化遗产及其生存环境所受到的严重威胁，凸显了保护文化遗产的紧迫性，主要表现在：

1. 经济发展的工业化、全球化趋势导致的文化遗产保护危机

20世纪中叶以来，世界经济发展的工业化、全球化，导致文化发展出现单一化、趋同化倾向，使得工业化强国的文化强势传播而冲击、覆盖发展中国家的文化。广大发展中国家丰富多样的文化遗产，尤其是非物质文化遗产，却因受到忽略、废弃而消失或正在消失。当今世界，各国都追求工业化带来的物质文明，发展中国家也因步西方发达国家的后尘而不同程度地受到西方文化的影响。

我国这方面的危机相当严重，而且自国门开放和工业化加速以来尤为严重。我国的文化遗产，大多是农耕/游牧文明的成果和见证。工业化、全球化浪潮的急剧冲刷弱化甚至淹没了农耕/游牧文明，也使得文化遗产丧失了存在的土壤，尤其是主要靠口传手授来传承的非物质文化遗产丧失了生存的

条件。我国本土的一些非物质文化遗产因工业化的冲击而濒临消亡，西方工业化强国的文化却随经济发展的全球化而强势影响中国，以致国民在衣食住行等方面都效法西方，甚至一些年轻人已经无视或不知中国的传统节日而热衷于过西方的情人节、圣诞节等"洋节"。

2. 社会发展现代化、城镇化趋势导致的文化遗产保护危机

与世界经济发展的工业化、全球化趋势直接关联，人类社会发展也在西方发达国家主导下出现了现代化、城镇化趋向。发展中国家纷纷力求以工业强国富民，适应工业化要求而集中人口和资源，大搞城市改造和建设，大力建设交通、能源等基础设施，从而造成严重的文化遗产建设性破坏，拆毁或损毁大量的古建筑、古遗址和古墓葬等文物以及附着的非物质文化遗产。

城市建设中拆毁古民居、古城墙等建筑类文化遗产，工程建设中损毁古墓葬、古遗址等文化遗产，时常见于媒体报道。

非物质文化遗产在当代现代化发展的过程中，面临着被摧毁的灾难。有鉴于此，2002年春，中国80多位著名人文学者在北京发表了《抢救中国民间文化遗产呼吁书》。至今，非物质文化遗产的保护虽然受到了各国政府的重视，但现代化、城镇化的大潮快速地淹没着其生存发展的土壤。

3. 经济利益驱动导致的文化遗产保护危机

文化遗产有着巨大的经济价值，是当今社会经济发展的重要资源。因此，一些社会相关机构甚至地方政府为发展经济而过度开发文化遗产，少数社会不法之徒为牟取私利而盗卖文物。

我国的世界遗产地和风景名胜区有些开发过度，旅馆、酒店、商场、游乐设施甚至人造景观屡见不鲜。一些地方大力开发民俗文化资源，不惜借继承创新的名义，胡编乱造或随意篡改民俗文化，使得非物质文化遗产失去原生性而自行毁灭……

由于文物的经济价值越来越为人们所认识，并且随着经济快速发展而越来越高，社会上一些唯利是图的不法分子不惜铤而走险，大肆盗掘、盗窃和盗卖、走私文物，导致大量珍贵文物遭受破坏和流失境外。尽管世界各国都

不断加大对此的打击力度并加强予以遏制的国际合作，联合国教科文组织也在促进国际合作以打击文化遗产犯罪活动方面做了大量工作，但仍然难以遏制严重的文化遗产犯罪行为。

4. 自然灾害、战争破坏导致的文化遗产保护危机

全球的自然灾害年年都有，而且防不胜防。加之工业化浪潮带来对自然生态的破坏，自然灾害尤为频发和加剧。2017 年，飓风、地震和荒野火灾席卷全球不同地区，大量建筑被毁，经济损失惨重。人亡房毁，文化遗产焉存？

我国地域辽阔，地形复杂，气候带多，又处于亚欧大陆板块与太平洋板块的交界处，是世界上自然灾害严重的国家之一。中国的灾害种类多、分布地域广、发生频率高、受灾人口众、造成损失大，仅 2008 年就有南方大雪灾和汶川大地震。尤其是汶川大地震，造成近 9 万人死亡，近 9000 亿元的经济损失❶。大地震造成了文化遗产的巨大损失。国家文物局 2008 年 6 月通报，截至 6 月 5 日，国家文物局共收到四川、甘肃、陕西、重庆、云南、山西、湖北 7 省（市）文物行政部门关于文物受损情况的报告，共有 169 处全国重点文物保护单位（其中 2 处已被列入《世界遗产名录》）、250 处省级文物保护单位受到不同程度的损害，2766 件馆藏文物受损，其中珍贵文物292 件。

人类历史上战争不断，20 世纪的两次世界大战给人类带来的惨重苦难和巨大损失让世界人民心有余悸。战争必然会对文化遗产造成严重毁损，现代战争的毁灭性破坏则更为严重。《海牙公约》就是因为第二次世界大战后人们"认识到在最近的武装冲突中文化财产遭受到严重损害，且由于作战技术的发展，其正处在日益增加的毁灭威胁之中"❷，联合国教科文组织及时制定和通过的。半个多世纪以来，虽然由于国际社会的共同努力而没有发生

---

❶ 2008 年 9 月 4 日，国务院新闻办举行发布会首次公布了汶川大地震灾害情况，遇难和失踪的人数达 8.7 万多人，直接经济损失达 8451 亿元。参见《新京报》2008 年 9 月 5 日报道。

❷ 引自《武装冲突情况下保护文化财产公约》。

大规模战争，但世界上局部的小规模战争却接连不断。处于武装冲突情况下的地区或国家，其文化遗产也处在遭受毁坏或损害的危险之中。

5.生态环境、生活方式改变导致的文化遗产保护危机

文化遗产尤其是非物质文化遗产，大都是农业社会的产物，而且是在农业社会的生态环境中长期得以保留和传承。如今，在全球工业化浪潮的冲击下，在城镇化、现代化生活中，产生并流行于农业社会的文化遗产失去了其自然存在和传承的生态环境，现代生活方式使得许多文化遗产实用功能减弱或失去了，甚至导致许多文化遗产难以保留乃至消亡。

大规模的城市建设，即使有针对性地保护城中具有高度文化价值的民居、楼台、寺院等古建筑，但人们往往以经济利益为重，仅仅保护建筑本体，而毫不顾及其周边环境和生态氛围，致使古建筑成为林立的高楼大厦中点缀的古迹标本，大大损失了其原有的文化价值。

大规模的工程建设，需要大量移民，甚至整体搬迁古老的城镇和村庄。这些古老的城镇和村庄里的物质文化遗产虽然可以异地存放或复建，但不仅可以迁建和复建的物质文化遗产有限，而且保护下来的遗产的文化价值也大受损失；其他的非物质文化遗产，因人去地失，没有了传承的生态环境而岌岌可危。

现代化的生活方式，致使许多民族、民间传统文艺失去了观众，许多民族、民间传统手工艺产品失去了销路，赖此为生的艺人和匠人锐减或终绝，相关的非物质文化遗产也就难以甚至无法传承了。因此，保护与传承显得尤为重要。

（五）文化遗产保护的传承

1.文化遗产保护面向"人"

在文化遗产保护方面，应强调"人"在遗产保护中的重要性，倡导文化遗产保护需要获得更多的社会关注与参与，使遗产保护更好地服务并惠及广

大民众。文化遗产语境中的"人"分为三个主要类型，即访问者（游客）、居住者（居民）、管理者（管理人员、专业人士）。在"以人为本"理念的支撑下，这三类人如何同文化遗产发生良性互动，是国际文化遗产领域一个普遍关注的课题。在这方面，各国各地区进行了不少探索，形成了不少值得借鉴的成果。

在面向"访问者"方面，文化遗产的阐释与展示不仅要传递文化遗产自身的信息、内涵和价值，同时让"访问者"能够最大限度"融入"文化遗产的环境。比如，庞贝古城遗址在保护展示中非常关注保持文化遗产整体环境的协调，维护文化遗产与城市、维苏威火山的空间关系，为参观者提供完整的历史氛围和游览体验。而西班牙格拉纳达的阿尔罕布拉宫，则在保护展示中特意设计了五条格拉纳达古城游览线路，将古城和邻近的居住区连接起来，增加了游客停留和参观遗产所在城市的时间，也加深了他们对遗产地的整体理解，既有效保护了遗产，提升了参观体验，又增加了整个区域的经济收益。

广义而言，"访问者"也泛指文化遗产在今天的使用者，这些文化遗产在经历功能转变之后，服务的对象也相应发生变化，面向并服务于当下的生活。比如，荷兰的马斯特里赫特天堂书店，前身为始建于 1294 年的多米尼加教堂，之后又陆续被用作仓库、档案馆，甚至大型自行车停车场，而今它作为一个书店而闻名全球（图 3-2）。又如利物浦阿尔伯特码头建筑群历史上曾是著名的仓库建筑，1984 年重新开业后被改造成商店、公寓、饭店、酒吧、宾馆、画廊和博物馆（图 3-3）；法国波尔多建立于 1824 年的殖民地农产品仓库，在 1984 年成为当代视觉艺术中心；比利时一家具有新艺术运动风格的购物商场，随着城市、商业的不断发展渐渐人去楼空，1989 年被完整地保护并改造为比利时漫画博物馆。这样的案例不一而足，都体现出文化遗产面向人、面向当代生活的理念。

图 3-2　马斯特里赫特天堂书店　　　图 3-3　利物浦阿尔伯特码头

2.文化遗产保护的"管理者"

　　与服务"访问者"相比，遗产保护如何惠及"居住者"即当地民众，似乎更加具有挑战性，有一个案例值得我们借鉴。在世界遗产地墨西哥的阿尔班山遗址，由于土地所有权纠纷和居民生活权益得不到满足，考古研究、遗产保护与居民的生产生活曾发生激烈矛盾，甚至引发肢体冲突。为解决上述问题，墨西哥国家人类学与历史研究所的考古学家奈莉·洛布里斯·加西亚与当地社区不定期举办圆桌讨论，听取民众的利益诉求。随着理性讨论的深入，各方之间对立情绪逐渐减少，并最终达成一致："管理者"尊重当地居民生活需求，不强制拆除占压遗址的建筑，并承诺予以民众一定数额的补偿，而居民则承诺不再进行破坏遗址的建设活动，并修建木栅栏标识"边界"地带。双方还共同开展了一系列文化活动，组织周边学校学生加入文化遗产保护行动，并由此带动家长乃至全社区共同参与，实现了文化遗产地社区、民众与"管理者"从对立走向沟通与合作。

　　作为一位文化遗产从业者，加西亚有效地协调与文化遗产地社区、民众的关系，这得益于她年幼时在农村的生活经历。她的父母是农村教师，在帮助当地人修建医院或学校的过程中，充分了解并适当满足了当地民众的真正需求，最终确保建设工作获得理解和支持。这种沟通、协调的能力和效果也是关系到文化遗产事业能否顺利推进的关键因素之一。

　　作为文化遗产的管理者，不仅要具备扎实的专业能力，更需要一种"以人为本"的价值理念。一方面，在横向范围内应有更多的管理者具备这种关注人、关心人的意愿和能力；另一方面，在纵向角度，这种理念和能力也应在一代代管理者之间传承下去。试想一下，如果能涌现更多像加西亚一样的遗产工作者，这项事业的未来必然是充满希望的。因此，遗产从业人员的代际传承问题近年来愈发受到关注。

3. 文化遗产保护的"承载者"

文化遗产保护的可持续性、延续性具有突出的重要性和紧迫性。文化遗产的传承，需要以服务于人的诉求为核心，需要靠人的传承来支撑。从这个角度而言，我们要做的不仅是传承文化遗产的物质形态，更重要的是关注文化遗产保护坚持"以人为本"的核心理念。

在坚持"以人为本"方面，我国文化遗产保护一直走在路上。在文物保护利用情况调查与研究、历史建筑活化利用、传统村落保护传承、大运河文化带建设等一系列面向"人"的文化遗产利用传承专题研究等工作上，中国古迹遗址保护协会积极参与国家文物局组织开展的各项调查研究活动，从技术层面支撑，促进文物保护更好地融入当代社会发展，服务社区民众，积极探索出一条符合国情的文物保护之路。

加强文物保护利用和文化遗产保护传承，是贯彻落实党的十九大对传承中华优秀传统文化的新要求。随着人民日益增长的美好生活需要中文化比重的日益增长，文化遗产保护利用和传承被提到前所未有的高度，同时也迎来了前所未有的历史机遇。文化遗产保护传承的工作需要切实贯彻党的十九大报告精神，做到既确保文化遗产本体、内涵、价值的妥善保护，又做好文化遗产所承载的文化、精神的传承弘扬，更加尊重并关注每一个承载着生活、智慧和故事的个体，保护和传承广大人民群众的珍贵记忆，让参与遗产的每一个人获得更加美好的生活。

四、保护文化遗产所遇到的难题与对策建议

（一）我国文化遗产保护的难题

1.我国文化遗产保护难度大

我国文化遗产资源丰富，遗产保护类型从物质文化遗产延伸到非物质文化遗产；物质文化遗产保护对象从传统的文物、古迹、遗址，扩大到新兴的20世纪遗产、工业遗产、线性遗产；保护地域从陆地延伸到海洋；保护范畴从文化遗产保护拓展到对文化遗产及其周边环境和文化生态的保护。丰富的文化遗产资源既是中国文化发展的见证，也为新时期中国文化大发展大繁荣提供了资源基础。同时，在社会发展的新形势下，多类型文化遗产保护的难度和保护工作的复杂程度也大大增加了。传承人老龄化严重、经济全球化浪潮汹涌而至，自然环境和文化环境迅速改变，都对非物质文化遗产保护提出了种种挑战。

2.古村落受经济发展影响严重，加大保护难度

改革开放四十多年来，我国由农业社会向现代工业社会转型加快，向现代信息社会转型以来，文化遗产存在的客观环境发生了深刻变化。尤其在我国农村地区，快速发展的市场经济使乡村社会发生了巨大变化，传统农村经济结构不断调整，主流文化价值观逐渐丧失传统地位，各种亚文化不断影响农村和农民，传统乡土观念逐渐消解，农村和农民的角色悄然改变。作为文化遗产保护重点的传统古村落也是如此，从传统走向现代，从封闭走向开放，从农业走向工业，从农村走向城镇，经济结构的不断调整使得社会迅速变迁，传统文化与乡土观念都在逐渐发生改变，这都使古村落存续和发展的软环境急剧变化。脱农人工、经济化蔓延等对物质文化遗产的破坏，现代文化意识形态对古村落非物质文化遗产的冲击都非常严重。

3.保护观念与方法滞后，出现文化遗产保护新问题

　　国际社会对文化遗产内涵的认识是个不断深入的过程，受社会发展环境的局限，我国文化遗产保护观念与国际文化遗产保护相比，在方法和观念上还有些滞后。但当文化遗产保护的客观条件成熟时，文化遗产保护新理念和文化遗产保护新课题便会出现。

　　一是艺术品投资市场的繁荣对中国文化遗产保护的影响。进入 21 世纪以来，国际艺术品投资市场逐渐升温，并带动了中国艺术品投资与古玩书画市场的发展与繁荣。对于一些经济发达地区，随着居民可支配收入的逐渐增加，文化艺术领域的投资逐渐成为居民投资的热点，"盛世藏古"成为人们的投资兴趣点。目前，在我国各地都有或大或小的古玩与艺术品市场，尤其以北京、广州、香港等地的交易为盛。由于文物收藏与艺术品投资的巨大利润空间，一些不法分子铤而走险，古代墓葬和博物馆被盗事件频发。因此，加强文化遗产保护，规范文物流通，促进文物收藏与艺术品投资行业规范健康发展，成为中国文化遗产保护工作的重要课题。

　　二是非物质文化遗产的知识产权保护问题。非物质文化遗产是民众的精神创造和智力资源，随着非物质文化遗产保护热潮的日益兴起，在加强和促进非物质文化遗产传承过程中，出现的知识产权纠纷日益增多。同时，受商业化浪潮的侵袭，"经济搭台，文化唱戏"，各地出现了打着非物质文化遗产保护旗号，对遗产项目肆意开发滥用，也严重侵犯了非物质文化遗产传承人的合法权益。因此，在中国非物质文化遗产保护中，知识产权保护体系的引进和完善，是非物质文化遗产保护亟须解决的问题。

　　三是文化遗产保护与旅游产业发展的平衡问题。文化遗产保护属于传统的文化事业范畴，而文化遗产又是发展旅游业的重要资源，对发展地方旅游业和提升地方经济具有重大的影响。各地在文化遗产资源的产业化开发利用过程中，出现了许多不和谐的因素，破坏和滥用文化遗产资源的现象时有发生，重开发、轻保护，重利用、轻维护等现象时有发生。因此，如何实现文化遗产保护与经济发展的平衡、文化遗产保护与文化产业发展的平衡，也是中国文化遗产保护面临的新课题。

4.文化遗产保护自身存在问题

遗产保护是一个为多种学科普遍关注的热门话题。这里谈谈遗产保护自身存在的问题。这些问题的存在,既不利于遗产的保护,也不利于旅游业的可持续发展。

①管理上存在法律依据不足和执法不严的问题。

②体制上存在多头管理,政令不一。如一处遗产地往往分属多个单位管辖,各有各的利益,互相掣肘,遗产遭殃。

③在指导思想层面上,存在过分强调经济效益的片面发展观。这是影响遗产保护的重要因素。由于片面重视经济效益,看轻这种不能直接带来经济效益的对象,甚至视之为发展的包袱;或者由于看到遗产可以为旅游业所利用,视遗产为摇钱树,而置遗产的文化历史价值的保护于不顾。如技艺性文化遗产的保护就明显滞后于遗产保护实践的要求。

④在行业管理方面,还存在很多漏洞。部分文物保护部门还存在着保护不力甚至监守自盗的问题。

⑤在保护对象上,存在着重物轻人的问题。技艺性文化遗产的活载体迅速消失,许多掌握传统工艺技术的匠人正在悄然离去。传统工艺的传承问题正在成为当代绝学。技艺性文化遗产的载体有二,一是掌握着传统技艺的人,一是他们的创造物或赖以显示其技艺的物质载体。由于急功近利的价值观的影响,传统技艺除少数与旅游产业的发展结合者生存状态尚好,大量的文化遗产处境都岌岌可危。

(二)文化遗产保护的对策建议

1.完善历史文化遗产保护机制,理清责权范围

我国在历史文化遗产保护方面基本以政府推动为主,社会团体参与不多,民间组织力量也不够强大,未能形成一股有效的力量,因此政府支持、政策倾斜对于历史文化遗产保护来说十分重要。

首先，政府应当树立正确的城市发展观念，以可持续发展观为指导，出台相应政策，完善历史文化遗产保护机制，将历史文化遗产保护作为城市规划的重要内容，与城市有机更新相结合，必要时可以从法律、政策层面对文化遗产保护做出具体规定，鼓励、支持在城市发展过程中保护历史文化遗产，提高对历史文化遗产保护的支持度和保障度。

　　其次，各级管理部门要加强横向协作，并从行业管理需求出发，营造良好的保护氛围。在实际管理上，建议成立一个专职负责历史文化遗产保护的机构，属地政府积极配合专职部门的工作，做到责权明晰，而不是需要参与保护工作的时候拼凑几个部门成立一个领导小组或者临时机构。同时，这个专门的管理机构，专门处理涉及历史文化遗产保护方面的事宜。此外，该机构还应当有用于遗产保护的专项经费，遇到重大事项时，属地政府也应给予专门的财政拨款，做到专款专用。

　　最后，加大宣传力度，体现文化的重要性。这意味着不但要通过加大宣传提高对文化遗产保护的重视程度以及保护意识，还要加大传播文化遗产保护价值的力度，彰显文化遗产保护的重要性和不可或缺性，通过普及文化遗产知识，提高居民自觉保护文化遗产的意识，在逐步改善文化遗产氛围和自然环境的同时，提高居民的自豪感和幸福感，使得居民自觉参与文化遗产保护。

2.修订历史文化遗产保护规划，健全配套设施

　　首先，借鉴国际经验和国内其他城区的成功做法，高起点、高标准修改并制定适合地方发展的文化遗存挖掘、保护和开发利用规划等。在编制过程中应当充分听取各有关部门和专家意见，在国家空间规划范围内，利用已有规划成果，综合考量各方面工作需要，加强规划与环保、交通、水利、土地利用、历史文化名城名镇名村保护等相关专项规划的衔接，提高规划的科学性和可操作性。在实际操作过程中，要注意做好事前的调查研究工作，对于大范围遗址群应当进行整体保护。若以现在技术手段还不能保护的应当暂停开发留于后世；对于孤立的遗址遗存，确实无法与城市开发规划相融合的，可以进行整体平移，迁入特定区域，与其他文物遗址共同保护；经过评估，

对于可以保护也可以进行开发利用的文化遗产，应当制定合理规划方案，同时严格按照国家法律法规执行，不擅自扩大、缩小保护范围，更不得擅自更改规划方案。

其次，历史街区是一个拥有旅游功能和生活功能的社区，具有生活、旅游、保护等多方面要求，比一般的社区情况更加复杂，不能单一地采用原有管理办法，更不能照搬照抄其他社区的管理机制。因此，要合理规划历史街区的功能布局，尽量减少对居民的生活影响，在后期维护和整修中，尽可能地做好调查研究，尊重并掌握居民以及游客的所需所求，满足双方的要求。同时，建立长期跟踪反馈机制和长效管理机制，相关部门应当在纵向合作的基础上，从法律、制度、体制等方面入手，加强对文化遗产方面的横向协作和扶持力度。

再次，如果只作为旅游景点开发，而忽视街区居民的参与，就不能有效保护和发展文化传统，还会使一些文化展示显得十分生硬且不真实。因此，街区在改造或者后期维护、招商时，可以配备一些基础设施，供居民和游客共同使用；也可以开展一些类似宋城、河坊街节日巡游活动，鼓励居民和游客共同参与；还可以试着将一些民居建筑有计划地改建为公共性质的传统工艺展示场所，使居民、游客能够参与工艺的制作，也能买到放心的传统物品，既起到了宣传本地文化的作用，又维护了旅游市场的健康稳定发展。

3. 加大历史文化遗产保护投入，补齐非遗短板

我国历史文化遗产保护的资金来源是以财政支付为主，主要包括各级政府财政补助、遗产地财政收入和利用遗产所带来的收入。这与欧洲各国相似，一般会通过法律来明确支付的内容，包括补助金额、比例、拨款对象和补助对象等；另外，英国、意大利等国也会通过发行文化遗产彩票、创立历史文化遗产保护基金，或者对一些大的保护项目通过政府发行信托产品等方式，来吸收民间资本。我国是一个历史悠久的国家，即使用于文化遗产保护的财政资金逐年增加，但仍然无法满足日益增长的历史文化遗产保护需求。因此，建议部分财政收入有宽裕的地方政府，加大对历史文化遗产保护的财政预算投入，从资金上予以保障；或者可以借鉴他国经验，创新发展形式，

以建立保护基金、发行政府债券等形式，适度吸收民间资本参与历史文化遗产保护。

与物质文化遗产相比，非物质文化遗产受保护程度和范围相对较弱。因此各级政府应当对非遗项目加大扶持，加大非遗保护传承力度，积极举办全国性非遗活动、高端论坛、展览等；同时引入社会力量形成联盟，联系院校驻点开展传承人创新孵化、集聚非遗资源、加强研究交流；还可以与国家级非遗传承人签约，定期举行大师传习和传统工艺进社区系列活动，探索城市非遗保护新样板。

民俗文化由本地区的民众创造、共享和传承，具有娱乐、休闲、审美方面的功能，能满足现代人的文化心理。所以，越地道的生活习俗、民族风情越受到推崇。世居居民作为当地文化、生活习惯、风俗传统等民俗文化的继承者和发扬者，这些风俗习惯只有世居居民作为载体才能保留；再加上出于旅游价值、社会价值和研究价值考虑，有世居居民的历史文化地区也更具有品牌效益。因此，各级政府在开发保护历史文化遗产时，应当要注意对世居居民的妥善安置，重视世居居民对文化遗产发展保护的作用，能回迁的尽量回迁，确实无法回迁的，应将其安置于相对集中的区域，保证历史文化的继续传承与发展。

4.加强历史文化遗产价值发掘，形成文化共鸣

目前，很多地区对于历史文化遗产的利用仅将其作为旅游资源使用，这对于其价值的挖掘是表面的也是肤浅的。历史文化遗产与城市建设、社会发展、经济增长、文化教育等方面联系紧密，具有相当高的研究价值和经济价值。应当积极开展文化遗存挖掘、保护、展示工作，大力传承和保护历史文脉，系统梳理非遗文化资源，让历史文脉进入公园、广场、景区、街巷、村落，进入百姓视野，使文化遗产成为城市标识的新元素。同时，历史文化遗产还应当注重"名人效应"，制定"文化名人引进办法"，制定系列优惠配套扶持政策，建立文化智库，通过名人的带动作用，提升文化遗产的国际影响力。

5.引入新型科技手段，提高保护能力

在保护历史街区以及配合申遗的过程中，参与文物普查和遗产调查，梳理了各类建筑、遗址、遗存、手工艺等物质、非物质遗产。在此基础上，可以建立自己的文化遗产信息综合管理平台，列出遗产清单。清单中不仅应当包含现存的物质和非物质文化遗产，还应包括一些保存不当或者已经消失的文化遗产。

同时，依托遗存保护工程平台，建成独立、成熟、完整的保护体系。

博物馆式的开发方式值得继续推广，同时还可以引进民间博物馆、音乐基地、数字博物馆等新平台，通过文字、录音、录像、图片等多媒体手段，对文化遗产进行真实、系统、全面的记录。此外，还可以运用 VR 技术、计算机图形学技术、三维技术等，对部分遗产进行虚拟再现、模型展示以及古文物复原，开展针对中小学生的趣味性、探索型活动，寓教于乐，吸引更多年轻人关注和学习历史文化。同时，博物馆式的开发利用还应当要注意形式不能过于死板，不能让博物馆沦为避暑防寒之地；可以针对寒暑假人员流动高峰，推出免费的知识讲座、展览等活动，促进参观者主动学习，形成良好的文化氛围。

6.有效整合社会资源，形成保护合力

随着群众对精神文化的需求快速增长且日益多样化，群众的文化自觉和文化自信显著增强，参与文化建设与发展的热情逐年提高。文化遗产保护，吸引了一大批关心热爱文化的群众和热心企业家主动投身到文化建设中来。民营资本对公共文化的作用越来越突出，政府要积极地鼓励民营资本参与文化大发展，转变他们的价值观念，提高他们的社会责任感；从政策上保证民营资本和国有文化企业同等待遇，打破文化体制壁垒，积极争取和开拓入驻场地资源，简化审批手续，缩短审批时间；有条件的可以加大文化产业扶持专款投入，培育民营文化龙头企业。在文化人才培养方面，政府应打破现有编制障碍，融合体制内与体制外人才，加强人才交流。在文化活动及文化项目的开拓与合作方面，政府可以通过公开招标、邀请招标、竞争性谈判、单

一来源采购、询价等采购方式，推进公共文化服务的社会化与市场化，逐步建立公共文化服务政府采购制度。

此外，在城市更新过程中应当积极鼓励开发商参与历史文遗产保护，提高他们的历史文化遗产保护意识，增强他们的社会责任心。从目前城市发展的规律来看，历史文化遗产周边往往是最具商业价值的地块，政府除了在规划时注意从整体上进行遗产保护外，还应当正确处理与开发商的关系，努力提高开发商的社会责任心。

7.加强区域交流合作，借鉴先进经验

在原有文化相关活动的基础上，举办一批高级别、高规格、高水平的论坛、会展、活动、赛事，举办好全国非遗保护论坛。加强国际化文化（体育）交流，增加国际影响力。

再者，可以在某些政策上借鉴西方国家的一些经验。以美国为例，自1976年起，就为旧城更新制定多项税费优惠政策，形成历史建筑有效保护和循环利用良好氛围。它的优惠主要是通过抵扣、减税、免税以及设定税费豁免期四种形式操作，取得非常好的效果。除此之外，美国各州也会在联邦政府出台相应政策后，效法制定各自的政策，以更适合本地区的实际情况，确保不会因为准入门槛过高，而错过应保护的文化遗产。

第四章 城市规划中历史建筑的保护和利用

一、历史建筑保护和利用的模式、方法和作用

（一）城市规划中历史建筑保护和利用的模式

近年来，由于城镇化建设不断扩张，散落在城区、乡镇的承载着城市印记的大量建筑遗产被拆除，或由于功能丧失而被遗弃。这些面临拆除、被时代遗弃、被不当"修复"的建筑遗产，是人类文化生活、技艺等信息叠加的载体，它们凝聚着人们对往昔岁月的追忆，是城市完整形象和历史沿革的见证。经济利益带来的盲目开发，致使一部分历史建筑由于不妥当的保护、修复和过度的商业开发而失去了原有的历史社会价值与文化精神意义。

建筑遗产的保护与再利用不仅仅是对历史建筑的外部修缮与再生功能的商业开发，更是为了延续其本身具有的文化、艺术及精神价值；让其功能重生则是使之与城市机能相协调的再利用，使其成为城市机体运作的一部分，而不是脱离城市存在的独立个体。通过对建筑遗产的保护与再利用研究，整理、分析、归纳其保护与再利用的层级特性和城市发展脉络的联系，探索建筑遗产保护与再利用的形式变化和功能的延续性，以更为合理的动态发展体系推进对建筑遗产的保护与再利用。

许多城市在发展中忽视了对建筑遗产的再生功能进行梳理、评价和调查，致使它们随着城市的更新而消亡。这种城市更新，是在毁灭一个城市的印记、一个城市的历史、一个城市的财富。在这样一种形势下，如何对大量的建筑遗产进行保护与再利用，使其得以重生，不仅有重要的文化意义，而且也是城市更新改造面临的现实问题。

保护模式是从既存历史建筑的历史性保护出发，在权衡新建筑对于既存历史建筑各种价值影响的基础上来指导新建筑设计的基本方针。

新老关系是分析保护模式的基础。"老"就是历史建筑既存的本体内容，"新"就是新加建的内容，两者构成了历史性保护中相对固定的两个方面，保护和再利用实践中复杂的差异性都是以"新"和"老"为参照的。

保护模式的基本类型有四种：新老结合、新融于老、新老并置、新老隔离。这四种保护模式包含了理论上新老建筑元素之间逻辑关系的合理性，也是基于历史建筑保护案例的具体分析，分别适用于不同的情况。

1.新老结合

老建筑在体量或是结构上被新建筑完全或是部分涵盖的情况是常见的，其手法有立面保存、表皮拼接等。在这种模式下，老建筑的存留部分通常变为新建筑的组成部分。

在老建筑并入新建筑的情况下，老建筑的结构几乎不可能完全保留，其与新建筑在空间和结构上结合在很大程度上是设计手法问题，当然里边也包含着技术因素。一般来说，采取新老对比手法有利于凸显历史元素对于历史环境的价值，也可用玻璃连接体来提示新老之间的对比关系。

罗浮宫是世界上著名的艺术博物馆之一，可以说是将当代和历史建筑风格结合的最具代表性的例子。博物馆的主要结构是按照哥特式、文艺复兴式、巴洛克式和新古典主义风格设计的。然而，在建筑群的主庭院里，坐落着贝聿铭设计建造的玻璃金字塔，与周围的历史建筑大不相同。它旨在呼应过去的纪念性建筑，同时代表着对传统风格方面的突破（图4-1）。

图4-1　罗浮宫

2.新融于老

此种方式包括老建筑内部加建或是恢复老建筑某些损坏的部分并进行内部更新。这种保护模式实际上是以既有历史建筑为主导，将老建筑的某些结构或是空间和美学要素扩展为新的结构。新融于老常见的方式有以下三种：

（1）内部加建

其一般做法是利用额外的楼层、夹层或是阳台，在历史建筑的原有结构框架内建造新建筑。内部加建不增加建筑的体量和外观，但是施工中必须为老建筑安排大量的保护措施，往往造价较高。同时，老建筑中正常的功能可能会有影响。事先应做周密计划，如老建筑净高是否符合插入新建筑的要求，结构体系能否支承新建楼层所增加的荷载，等等。

大英博物馆是一座拥有数百年历史的建筑，最初是 19 世纪由罗伯特·斯米尔克爵士设计的一座大型新古典主义博物馆。由诺曼·福斯特设计并于 2000 年开放的大中庭将大楼的两翼统一在一个中央入口空间下，使用了非常反传统的玻璃天花板（图 4-2）。

图 4-2 大英博物馆

（2）通过添加一个玻璃中庭使得新空间融入老建筑的原有空间之中

将新建元素虚化的处理手法强化了新建空间对于老建筑的归属感。

伦敦泰特现代美术馆 Switch 楼更新便是一例。伦敦泰特现代美术馆的前身是在 19 世纪末建成的 Bankside 发电站。美术馆既包含了发电站的大部分原始建筑，又包括赫尔佐格和德梅隆新建的当代部分。20 世纪 90 年代末对发电站进行了最初的整修，并于 2012—2016 年继续扩建。最重要的干预措施包括在原有的屋顶上加建了两层玻璃结构，并在场地中修建了一座名为开关室的新建筑，这座建筑混合了主要结构的两种风格。许多原始的内部结构都得到了维护和重新利用，"涡旋厅"成为一个新的大型装置展示空间，"油罐空间"被用作表演空间和较小的装置展示场地（图 4-3）。

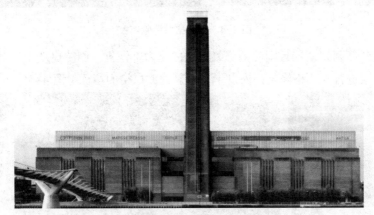

图 4-3　伦敦泰特现代美术馆 Switch 楼

（3）恢复老建筑某些损坏的部分并进行内部更新

在内部更新情况下，必须充分评估其原有的各种价值，应以既存建筑的价值特征为设计策略的基础和出发点，切不可无原则、无限制地拆除或是加建。正确的修复技术策略和合适的修复技术手段往往决定了内部更新下保护性设计的成功。内部更新有新功能植入和内部恢复两种方法。

新苏格兰博物馆采用的方法是新功能植入。皇家苏格兰博物馆是一座建于 19 世纪的建筑，位于爱丁堡老城中心。建筑师本森、福赛斯设计了新馆。首先为节省用地，新馆紧临旧馆建造。旧馆的西侧端墙成为新馆的内墙，二者之间由一个玻璃顶覆盖。在室内，这道老墙仿佛成了新馆的展品（图4-4）。

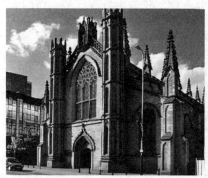

图 4-4　新苏格兰博物馆

纽约新阿姆斯特丹剧院的修复采取的是内部恢复。剧院更新中，对原有历史要素进行了严格修复，恢复了艺术装饰派风格的特征（图4-5）。

图 4-5　新阿姆斯特丹剧院外观及内部

3.新老并置

新老并置一般是指新老建筑"均势"连接起来的模式。在这种保护模式下，新老建筑之间经常通过连接体贯通内部空间，将其构筑成整体形态或整体建筑环境。在新老并置的模式下，新建部分应与老建筑具有一定的对比或是协调关系，除非是完全按照老建筑的形式进行复制，新老建筑形式元素应保持一定的差别，以使两者处于一种协调的构图关系之中。新老并置的方法有以下四种：连接过渡法、对比协调法、镶嵌并置法、体量协调法。

多伦多 Scotia 广场采取的是连接过渡法，27 层的老楼，通过新建 14 层高的中庭与加建的 68 层塔楼结合（图 4-6）。

渥太华加拿大银行大楼由多伦多建筑公司 Marani，Lawson & Morris 设计。1936 年 12 月，建筑师向委员会提交了最终的立面图。这座始建于 1938 年的古典花岗岩建筑，在 20 世纪 70 年代由两个玻璃办公大楼和一个由著名的加拿大建筑师埃里克森（Arthur Erickson）设计的大型室内中庭部分封闭。

渥太华加拿大银行大楼采取的是对比协调法，通过材料和质感的对比，实现形态的协调。2016 年，渥太华加拿大银行大楼的翻修，给博物馆带来了重新设计的机会。在四年的重建过程中，博物馆对它的角色进行了彻底的重新构思，从银行的每个角落寻求投入（图 4-7）。

图 4-6　多伦多 Scotia 广场外观及内部新老结合处

图 4-7　渥太华加拿大银行大楼

多伦多自治领银行采取的是镶嵌并置法。将老建筑嵌入新建筑，成为新建筑的一部分（图 4-8）。

图 4-8　多伦多自治领银行

萨布肯城堡采取的是体量协调法。加建部分的材质、构图和立面划分与老建筑保持一致，相异风格的新老建筑一样可达到较好的结合效果（图4-9）。

图 4-9　萨布肯城堡

4. 新老隔离

新老隔离就是保证老建筑在空间与结构上的相对独立性和完整性，用过渡区域作为新老建筑之间连接部分的处理模式。这种处理模式的优点在于新老建筑之间互不干扰，且对历史建筑的干涉度很低，有利于历史建筑原有各种价值的保护。

保护方式有平移隔离保护和原址隔离保护两种方法。

布鲁克菲尔德广场是多伦多一处大型的商业购物中心。其地块内有两个遗产建筑——原招商银行和原蒙特利尔银行。根据两个历史建筑不同的价值特征，结合新建筑整体的功能和美学特征，分别对其采取了平移隔离保护（图 4-10）和原址隔离保护（图 4-11）的方式。

图 4-10　原招商银行现存部分与艾伦凯瑞拱廊在结构隔离的情况下，展现出新老交织的特征

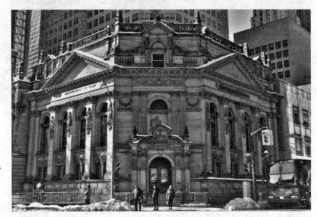

图 4-11　原蒙特利尔银行采用原址隔离保护方式

（二）历史建筑保护与利用的方法

1.隐喻法

隐喻法并不试图用建筑实体恢复被毁的历史建筑，而是在新的建筑设计中，通过运用象征手段达到保留对历史建筑环境记忆的目的。因为这种方法通常采用在地面上运用铺地变换来展示历史建筑的平面，需要借助想象来实现对历史建筑实体的怀念，所以称之为隐喻法。这种特殊保护方法的实例有：法国荷塞市某集合住宅设计，它将基地内中世纪的贵族府邸遗址平面组织到住宅的院落中；美国富兰克林纪念馆设计；澳大利亚悉尼在第一座总督府遗址上建造的博物馆等。

2. 立面嫁接法

立面嫁接法，指的是历史建筑的立面被加固，部分保留，在其内部建造新的建筑物的方法，新建筑的造型仿佛是从被保留的历史建筑的立面嫁接出来的。"嫁接"是植物学中的概念之一，是利用某种植物的枝或芽来繁殖一些适应性较差的植物。嫁接能保持原有植物的某些特性，是常用的改良品种的方法。在建筑设计中的形式嫁接也运用了相同的原理。在此，历史建筑的立面或者是立面的片段，被作为新建筑造型的营养丰富的"枝"，它能很好地和周围的历史环境相融合，新的造型有了这样的根基，成为某种改良的品种而更具历史意义。

历史街区的建筑设计中采用立面嫁接法，是试图产生根植于历史环境的创新设计，因此嫁接强调的是新与旧的对比，并且主要体现在建筑材料的质感和色彩的对比，使人能够清楚地分辨出新与旧。另外，因为新建筑拥有历史建筑的部分立面，所以更容易与原来历史环境相协调。

3. 埋地法

在城市历史核心区，出于历史文化保护的原因，新建建筑向地下发展的情况在欧洲非常普遍，有时为了满足建筑高度限制的要求，业主只有将大部分的建筑体量埋入地下，使得地面上所露出的建筑体量与周围的历史环境相协调。埋地法是新建的建筑向地下发展的一个极端，它是把几乎所有建筑功能以及市政的开发都埋在地下，地面上只留下必要的出入口的建造方法。这些小体量的构筑物或建筑物为了能引起人们的关注，往往采用和周围历史建筑环境对比的形式。埋地法能够使得地面的历史建筑基本保持原样，又能够适当地引入现代的要素和精心的环境设计以体现时代精神，不失为历史建筑环境保护的一个良策，但是其投资大、施工难度高、见效慢的缺点也是显而易见的，因此，虽然这种方法在构思上不难实现，在国内的应用却是不多见的。

在城市历史核心区，采用埋地法使新建的建筑向地下发展，可以保护地面历史环境最大限度地避免受到大体量现代建筑的冲击，保持原有文化特

色，并且在历史环境中，地面新建城市小品等现代的景观设计，不仅给城市创造出休闲的活动空间，也可以使人们在历史氛围中，感受到时代的气息。

4.协调法

任何一种建筑形式的表现，都跟环境有关，且必须同这些环境妥善地协调，否则形式的表现不仅将丧失其优点，还会产生破坏环境的效果。"相互协调"是建筑形式创作的基本原则，在历史街区中新建筑的植入，也必须尊重相互协调的原则，使其与历史环境取得某种协调。一般在历史街区中的新建筑，要从形式、体量、材料、色彩等方面与历史建筑环境相协调。由于建筑设计本身必然地存在着多样性和复杂性，建筑物的形式和空间要考虑功能、类型、表达的目的和意义，并且要考虑和周围环境的关系。形式的协调或者说在历史街区中形式的秩序原理，可分为风格的统一和逻辑蕴含的统一两种。

（1）风格的统一

运用历史主义的手法，使新建筑与历史环境相协调。希契科克（R. H. Hitchcock）认为历史主义是一种建筑的表现形式、一种建筑风格，提出"历史主义"比"传统主义""复古主义""折中主义"在表达建筑的某些共同形态，显得更为正确些。历史主义是借用过去的建筑风格和形式，又往往或多或少是新的组合。文丘里1982年在哈佛大学所作的题为"历史主义的多样性、关联性和具象性"的报告中认为，历史主义是新象征主义的主要表现形式，是"后现代主义"运动的主要特征。并且提倡一种以装饰传达明确的符号和象征的历史主义，即所谓历史现代装饰。在实践中采用历史主义手法进行创作的建筑师有文丘里、詹姆斯·斯特林、哈特曼和考克斯等人。

（2）逻辑蕴含的统一

建筑师运用历史主义的手法，从历史建筑环境中直接截取建筑形式或是符号，经过重新组合以达到新建筑在风格上与历史环境的统一，这是新旧协调中风格统一的常用方法。而逻辑蕴含的统一则更注重从以下两个方面寻求新建筑和历史环境的协调统一：一是从历史建筑的构成分析，试图用新的材料、新的语汇转译这种构成的逻辑，在创造新的形式的同时，取得与历史建筑环境的统一；二是寻找过渡体，有意识地建立新旧结合的桥梁，在新与旧之间增加中介的空间，改建后的建筑呈现某种逻辑发展过程，从而取得协调和统一。

5.映射衬托法

在历史街区中建造新建筑物一般着眼于协调的方法，研究新建筑的比例尺度、材料和色彩，从形式上或逻辑上取得与历史性建筑环境的协调，从而获得整体环境的统一感。在某些特殊的情况下，例如，从城市特色的角度出发，或是保护与开发平衡的要求等，可以采取映射衬托的方法，通过异构对比而达到保护历史性建筑及环境的目的。

映射衬托的方法通常是新建筑采用局部玻璃幕墙或者是全玻璃幕墙的外立面，有意识地使历史环境中重要的历史性建筑在其中得以映射，从而达到新旧交融、对比协调的目的。其成功的案例有维也纳历史核心区新建的哈斯商业大厦、法国里尔美术馆的改扩建及美国波士顿约翰·汉考克大厦等。

历史建筑在我国的作用十分明显。历史建筑能够体现出许多方面的内容，一个区域的生态、民俗、传统等都能通过历史建筑表现出来。历史建筑的保护需要很长的一个过程，并且历史建筑保护的形势也不是一成不变的，而是在不断变化的。在我国城市的规划建设过程中，常常会出现历史建筑缺少保护的现象，我们应该努力保护历史建筑，不能让这种传统文化的载体在我们这一代消失。

(三) 历史建筑保护与利用的作用

历史建筑一般占据城市中心位置，城市中心人口密集，对于土地需求大，短时间看来一定程度上限制经济的发展。历史建筑保护及维护也是城市规划管理的难题，历史建筑维护、维修资金也是一笔巨大的政府支出。历史建筑本身包含了历史价值、艺术价值、科学价值。在城市规划中能很好发挥其历史文化遗产的可持续发展，其带来的经济收益可分为内部收益和外部收益。内部收益即本身商业价值，外部收益即城市形象的提升带来的经济效益。可持续、低污染的城市与一些工业城市比较，其优势更为明显，更符合低碳环保、环境宜居的理念。这样做的作用，主要有以下几个方面。

1.有利于塑造城市形象

城市的形象与城市的发展潜力之间有着很强的相关性。一个形象很好的城市，往往可以吸引更多的知识分子和企业家，可以为城市带来更好的发展空间。而如果城市文化匮乏，污染严重，那么这个城市一定会逐渐地走向没落。历史建筑，对于一个城市的文化底蕴来讲是一个命脉。城市的文化并不是一朝一夕形成的，而是随着时间推移积累下来的。历史建筑，就是文化的沉淀。我们在城市规划过程当中对历史建筑进行保护，实际上就是在为塑造城市的形象做准备。

2.有利于增强文化自信

城市的建筑规划，对于城市的发展具有无比巨大的重要意义。首先，城市的建筑规划，可以为人民提供更好的生活环境。城市的设计规划在当今时代一定要以人民为主体，采用各种方式来提升人民的幸福感。提升了人民的幸福感，人们才会对我国的传统文化有更加强烈的兴趣。我国是四大文明古国之一，文化底蕴十分深厚，但是随着外来文化的入侵，我们的文化一度遭到动摇。对于历史建筑的保护，实际上是增强文化自信的一个方面。我们首先要对文化进行保护，才可以加深对它的理解，从而产生更大程度的认同感以及自信。

3.有利于丰富城市的公共发展空间

城市的历史建筑，可以为城市带来丰富的公共发展空间。人与环境和谐发展是我们的一个梦想，也是目前很多城市规划的基本理念。在城市的规划建设过程中，保护历史建筑，可以使城市在竞争激烈的城市之林中独树一帜，吸引更多的投资者和优秀人才流入该城市，从而带动城市在经济、社会方面的发展。在城市规划过程中保护历史建筑，可以使城市的公共发展空间得到丰富和扩展。

二、历史建筑保护和利用的理论机制

（一）历史建筑的保护性理论

在历史文化建筑保护和利用方面，国内外都曾有过多种主张，其中不乏成功的，有失效的，也有功过相兼失之偏颇的，教训多多。现简要列举如下。

1.以保护为主的理论

历史建筑保护论。整理修缮古建筑的目的，既要以科学技术的方法防止其损毁，延长其寿命，又要最大限度地保存其固有的历史、艺术、科学的价值，保存原来的建筑形制，保存原来的建筑结构，保存原来的建筑材料，保存原来的工艺技术、建筑形式、艺术风格。各个时代、各个地区、各个民族都有自己的特点。正因为如此，它们才能作为历史和多民族文化的物证。维修历史文化建筑时如果改变了原状或张冠李戴，其价值就不复存在了。

2.保护性开发理论

城市更新中关于建筑保护和文脉延续的观点，逐渐倾向于采取"谨慎的城市更新"和"批判的历史保护"的思想和方法。德国20世纪70年代转变了城市更新思想，通过整治修缮和安装现代化设施改善现存建筑，尽量不考虑拆建的办法。

在中国城市发展的边缘地带，不加控制的发展必然是破坏性的。对地区特征不加区别，城市随意扩张、蔓延，将慢慢蚕食城市的历史环境特征和自然环境特征，无可挽回地破坏所有的历史遗存和令人难忘的景色。

3.历史文化环境整体性保护理论

历史文化环境整体性保护理论主要提出了历史地段和历史保护区概念。历史地段指能够反映社会生活和文化的多样性，在自然环境、人工环境和人

文环境诸方面，包含城市历史特色和景观意象的地区。国内相关概念有"历史街区""历史建筑群""历史文化保护区"等。

历史地段保护重要的内容之一就是划定保护区。历史保护区是为保护历史地段的整体环境，协调周围景观，划定一定范围的建设控制地带。保护区划定的关键是"整体特色"，优美的建筑、街道形态、开放空间、古树名木、村庄民居，或有历史、考古价值的场所等都可以成为保护区。

历史文化环境整体性保护是对城市特色的保护。活的历史地段至今仍然在城市生活中起重要作用，是文化旅游中最吸引人的场所，能够提高人们的文化素养，增加原住民的自豪感，增强城市活力。当然，由于现代社会的急速发展，对历史地段的保护，不应仅是现状冻结，而应是对长年累积下来的物质、技术和精神方面的遗产有一个历史的、正确的评价和继承，而历史文化建筑的保护就被融合进了这种整体环境保护规划之中，包括历史建筑资源普查、分析、评估，历史建筑类别、等级的确定，历史风貌、空间特色的分析与评价，视觉景观分析、建筑高度分区控制，历史环境更新、整治及再开发利用和公众参与及文化活动的开展，历史文化建筑由此也更有了展示的舞台和新的生机和活力。

4. 新的趋势——整体综合的历史保护理论

近年来，历史文化建筑的保护成了多学科共同参与研究的综合行为，综合性保护理论主张运用多学科的研究成果，通过各种技术手段，对历史文化建筑进行调查、鉴定、保护、展示、开发和利用。也就是说历史文化建筑的保护从纯粹纪念意义上的关注走向规划意义上的关注，从物质形态的解决转向了在更大的系统内寻找对策的解决思路。这个系统涉及了经济、社会、环境、生态等诸多领域。在这种观点的影响下，当前历史文化建筑的保护从文物专家、建筑师、规划师的专业技术行为已演变为一种广泛的社会调查和公众参与的保护运动。该观点认为每一处人居环境都有它独特的品质，源于它所处的地理因素、政治、经济和社会的状况以及以后的历史发展影响。保护不仅是针对外在或外观的东西，更要变成社区保护；不再只为保护房子的精美，而必须尊重各民族、各地区、各社区居民的选择和愿望。采取灵活选择方法，发展出符合各自文化特色、地理环境、经济状况的一套方法。某种程度上，该观点泛化了历史文化建筑的保护，从保护纪念文物建筑扩展到保护有一定历史文化内涵的建筑，从而来保护整个区域的历史文化。保护已作为一种维持城市或区域的个性和增强居民的荣誉感的手段❶。

（二）历史建筑保护的理论依据

1. 以可持续发展观为理论基础

可持续发展理论为树立正确的城市发展新观念奠定了理论基础。可持续的发展观应用在城市发展方面，也就形成了可持续的城市发展观。可持续的城市发展观认为持续发展的前提是发展，目标是通过发展增强经济实力，并使发展与环境承载力相适应。城市建设中的可持续发展意味着城市与环境的共同进化，环境的含义就城市空间而言，则既包括自然的生态环境，也包括具有历史文化意义的人为建成环境。

应该说，将可持续的城市发展理论引入并作为基础理论，对城市建设与更新具有重要指导意义。首先，理论有利于确立城市历史建筑保护的正确的发展观，将"以人为本""以人的需要为第一要旨"作为指导城市历史建筑保护与再利用的根本原则；其次，理论有利于正确理解"发展"的内涵以及处理城市历史建筑再利用中"保护与发展""存与留"的矛盾问题，强调积极的保护原则，发展中的困难只有通过"发展"的方式来解决，同时需要避免发展性破坏，选择全面的、良性的、妥善的发展策略。

2. 以共时性和共生性为核心的发展理念

城市的发展，是一个连续不断的过程。1960 年在东京设计会议上，日本建筑师黑川纪章、菊竹清训等提出"新陈代谢论"。"新陈代谢"理论指出，城市是一个不断更新的发展过程，但这个过程不是一个新旧绝对对立的

---

❶ 丁夏君. 城市边缘地带历史文化建筑的保护和利用 [M]. 北京：中国建筑工业出版社，2015.

以旧换新的过程，而是一个新旧共生的循序渐进的过程。他们主张在城市中引入时间因素，明确各个要素的周期，在周期长的因素上加上可动的、周期短的因素，这样的城市才是个真正意义上的"新陈代谢城市"。

黑川纪章进一步发展了"新陈代谢"理论，提出了"共生"的概念。"共生"理论认为城市是一个共生的空间。但这个空间绝不是静态空间，而是时时刻刻不断地在进行"新陈代谢"，在这个过程中，城市的新旧元素实现着共生与协调。他认为21世纪的城市空间是一种多层次、多角度的共生空间，其中有不同层次的共生，包括了城市中历史环境与现实环境的共生。要实现历史与现实的共生，就必须处理好城市部分与整体之间、建筑外部与内部之间、建筑与环境之间、技术与人之间、建筑感性与理性之间以及城市不同文化之间的关系。而且，历史与现实的共生必须在城市的"新陈代谢"过程中实现。

虽然目前"新陈代谢城市"与"共生城市"理论的实践大多是应用于建筑创作方面，但它的理论意义绝不仅限于设计手法的层面。该理论肯定了城市更新在城市发展过程中的必然性，同时强调了城市新旧元素的共存，否定了现代主义大拆大建、全部推倒重来的建设方法，这些都体现了现代城市更新理论的指导思路，是在城市发展的高度对城市更新中利用与保护问题的探讨，对城市历史环境的保护设计有很重要的指导意义。可以说，城市更新中对历史建筑的再利用正是体现城市历时性的重要载体。

1961年，简·雅各布斯出版了她的名著《美国大城市的死与生》，第一次比较系统地提出了"城市的多样化"的概念以及保持城市多样性的意义和方法，并认为复杂的城市多样性实际上是建立在简单清楚的经济关系上的。雅各布斯从美国城市中的社会问题出发，调查了美国根据现代城市理论建造的城市的弊端，对大规模改建进行了尖锐的批评。她认为大规模改建摧毁了有特色、有色彩、有活力的建筑物、城市空间以及赖以存在的城市文化、资源和财产。在著作中，雅各布斯概括了产生城市多样化的四个必要条件：混合的基本功用，将人们的出行时间分散到一天内的各个时间段；小的街区，增加街道的数量和面积，增加人们接触的机会；不同年代的老房子，满足经济能力不同的功用的需要；人口的充分密集，使各种功用充分发挥经济效能，增加城市的舒适性。上述四种对于城市多样性的产生都有直接影响，而且往往相互结合在一起产生作用。其中对不同年代老房子的保留，就涉及大量历史建筑以及有特色的城市空间都应该以一定的方式继续存在下去。因此，保持城市多样化要求的是不间断的小规模改建，这是一种有生命力并充满活力的城市更新模式，而对历史建筑的再利用则是其中重要的实施方式之一。

1966 年，意大利建筑师阿尔多·罗西（Aldo Rossi）在《城市建筑学》一书中提出了"类似型城市"的设计模式，其中也明确提出了共时性的概念。阿尔多·罗西认为，城市是共时的，建筑的历史并不是一个阶段代替另一个阶段，一种形式代替另一种形式，一种风格代替另一种风格的过程，而是若干阶段的建筑在一个阶段内共存的过程。在城市中，建筑就是这种共时性的片段与表现，城市中有短暂性因素，也有持久性因素。在城市作为整体的生存时间内，组成城市的每一座建筑物都经历过设计—建造—毁坏的过程，这是短暂性的因素。但是城市自身将连续存在，一些因素可以作为物质符号为人们所体验，以不同的方式对城市的集体或单体制品施加影响，这是持久性因素。罗西认为的持久性因素主要是指民居与纪念物，其中民居并不是指具体的单一民居，而是作为人类居住生活建筑学上的抽象。而纪念物则是城市中的基本要素，它既有个性，又包含场所意识，能引起人们对历史事件的追忆和对城市文化的联想。

1978 年，美国康奈尔大学教授柯林·罗（Colin Rowe）出版了《拼贴城市》一书。书中对现代主义的城市建设，如现代主义城市空间的单调和现代建筑的单一进行了大量的批判，认为所谓现代建筑的城市只是停留在纸上谈兵阶段或者早产夭折，以致在规划领域内无法带来任何起码的创造成果。在此基础上，其进一步提出了"拼贴城市"模式。"拼贴城市"理论同样认为城市的发展是一个连续的过程，但同时也是拼贴而成的，即城市是由不同时代的东西一层一层叠加形成的，类似一幅拼贴画，"断续的结构，多样的时起时伏呈现为我们所说的拼贴"。柯林·罗不仅认为城市是拼贴的，还主张在城市设计中用拼贴的设计方法展示一个城市的历史。所谓拼贴的设计方法，是指采用的是传统与历史部分中的部件与形式，但设计原则、构图原理以及衔接方式并不为传统和历史所束缚，它用传统的部件与形式，根据现代的需要，加以组合与变化，使传统与现代融为一体，采用这种方式，达到了既延续历史，又体现了当代特征的目的，是在新环境条件下对历史要素的借用。"拼贴城市"的设计方法，借用了历史母体，但并不凝固僵化，而是与现实的发展相结合，把时间因素压缩到空间中，在某种程度上，既保护了历史环境，又兼顾了现实发展的需要。

无论是"新陈代谢"理论，或者之后的共生、共时性概念，还是城市多样性以及拼贴城市理论，都是摒弃了现代主义的唯技术论或唯功能论，不仅认可了城市发展的过程论，同时更加强调多样共存，强调一个多元化的丰富多彩的城市空间，必然包括了各个历史时代的建筑物，通过这些物化的历史片段的共存，展现了城市发展的历程。因而，这些理论在观念上对于城市更新有一定的指导意义，并给历史建筑再利用提供了在城市发展过程层面的理论支持。对历史建筑的再利用，可以说是赋予历史建筑新功能、新用途的有效手段之一，是旧的历史片段融入时代新生活的保证和主要表现。

3.保持场所精神的重要性

1980 年，挪威建筑师诺伯舒兹在《场所精神——走向建筑的现象学》一书中正式提出了"场所精神"的理论，认为城市是由一系列的场所组成，每一个建筑就是一个场所，每一个场所都包含结构和精神两个方面，是主观与客观的统一体。场所精神决定了场所的结构，即外显形态空间和特征，同时场所结构也在一定程度上影响着场所的精神内涵。作者特别强调了场所与历史文化传统的密切关联，他认为历史建筑或地段中饱含着场所精神，使居留者产生心理上的安定感与满足感，场所在历史文化中形成，又在历史中发展。新的历史条件可能引起场所结构发生变化，但这并不意味着场所精神的丧失。场所精神的变化相对缓慢，而场所结构的变化则相对较快，必须在二者之间找到一个合适的平衡点。"如果事物变化太快了，历史就变得难以定形，因此，人们为了发展自身，发展他们的社会生活和变化，就需要一种相对稳定的场所体系。"

"场所精神"理论为城市更新中的历史建筑的保护与利用提供了相当重

要的理论支持。首先它肯定了历史建筑和历史环境的重要价值不仅在于物质实体本身，更重要的是在于饱含其中的场所精神，而这与人类文化与社会心理的沉淀有关，也是人们保护历史建筑的原因所在。其次，"场所精神"理论指出改变与尊重场所精神并不矛盾，一成不变并不是保持场所精神的唯一手段，从而肯定了建筑再利用对保持建筑场所精神、满足人类精神需求的重要作用，其实也就是肯定了以改变为主要内容的建筑再利用的文化意义。另外，"场所精神"理论也为历史建筑的保护与再利用提供了一种方法论，即从给定的环境中揭示其潜在意义，找出新旧二者的关联，然后通过设计手段将场所精神具体化，而这个过程可以相对独立于场所功能的变化。

4. 与时代俱进

城市是人类聚居的中心，是一个以人为主体、以自然环境为依托、以经济活动为基础、社会联系紧密而广泛、按其自身规律不断运转的有机体。追溯城市发展的历史，可以说是一个不断自我更新、改造、发展并趋于完善的过程。

"有机更新"理论最初是吴良镛院士在长期对北京旧城规划建设进行研究的基础上，结合中西方城市发展历史和城市规划理论，针对北京旧城改造的思路总结而成的城市更新理论，其主要内容是"按照城市内在的发展规律，顺应城市之肌理，在可持续发展的基础上，探求对城市的更新与发展"。在阳建强、吴明伟编著的《现代城市更新》一书中，作者明确提出更新改造不能简单采取推倒重建的单一开发模式，而应因地制宜，进行综合治理和更新发展，并提出了城市更新的根本方向，那就是全面系统的有机更新。其主要内容和观点可以简单归纳为四个方面：整体功能协调、综合系统规划、倡导性更新改造和循序渐进推进小规模更新。

城市有机更新反对简单粗暴地全部推倒重建的大规模改造方式，提倡保护、整治和改造相结合，采取适当规模、合适尺度、分片、分阶段和滚动开发的"循序渐进的小规模更新"模式，这主要是基于对城市更新的"延续性""阶段性""文化性"的认识。旧城更新是在历史积淀而成的城市现状基础上延续进行的，不可能脱离城市发展的历史和现状。因而城市更新应当尊

重城市的历史和现状，了解更新改造地区的物质环境方面存在的主要问题，更要深入分析地区的社会、经济、文化、历史，尊重居民的生活习俗，继承城市在历史上创造并留存下来的有形和无形的各种资源和财富，以延续并发展城市文化。以上体现了城市更新的"延续性"和"文化性"。同时城市更新具有"阶段性"的特点，是一个持续的过程，不可能一蹴而就，也不可能一劳永逸，因而要求在城市更新中处理好目前和未来的关系。另外，城市更新的"文化性"还体现在人文关怀方面，通过适当的设计手法和对环境的塑造，使更新地区的居民感到亲切、熟悉，满足其心理的归属感需求。应该说，城市更新的"延续性""阶段性""文化性"既是城市更新应遵循的原则，同时也是其追求的目标，这些目标只有通过对城市的循序渐进的小规模更新才能得以实现。

城市有机更新的观念对于历史建筑保护与再利用从城市的宏观角度的理论研究提供了重要的理论支持，并且具有方法论上的指导意义。

三、城市规划中历史建筑保护和利用存在的问题与解决策略

历史建筑普遍建造年代久远，由于时间原因造成建筑机体的自然老化，达到其合理使用寿命，属于历史建筑的自然老化，可以说是"正常死亡"。除了建筑机体的自然老化之外，城市的发展建设、社会经济、文化背景等其他外部因素，同样可能造成历史建筑的破坏，是一定意义上的"非正常死亡"。在城市规划建设中，考虑城市本身发展要求的同时，更应该注重传统文化建筑保护和利用的要求，把两者联系起来，互相促进，互相配合。

（一）历史建筑保护面临的破坏

当前，我国在传统文化建筑保护和利用上存在的问题不少。究其原因，有些是由于相关的法规尚不健全、人们的历史文化建筑保护意识还很淡漠；有些是由于缺乏足够的资金、人才、技术的保障；有些则是在城市发展的大潮涌过后给历史文化建筑保护和利用所带来的负面影响。主要表现在以下方面。

1. 失修的破坏

由于历史建筑自身物理效能的不敷使用或区域地段的结构性衰退，致使历史建筑因无人使用而处于荒废的状态。这种荒置使得建筑失去正常的维护，无疑将加速历史建筑的老化和衰败。西方的历史建筑大多为砖石结构，经历漫长年代留存至今难逃物理肌体的自然衰败，而与西方建筑的结构相异，除了部分近代历史建筑，我国大部分历史建筑物理寿命较短，需要长期进行维护更新，一旦处于荒置失修的状态，其衰败速度更加明显，一旦建筑结构遭到毁灭性破坏，将对未来进行再利用极为不利。

受产权、资金等多方面因素的制约，现存的大量传统民居因常年无法得到日常的维护与及时的维修而普遍破损严重。由于其中的使用者主要为老龄化人群及低收入人群，经济上的困境使他们难以支付维护费用。

2. 过度更新的破坏

过度更新指的是城市维度和建筑维度在缺乏、漠视约束的情况下，根据自我发展需要而进行的更新，其所带来的破坏分为建设性破坏和使用性破坏两种类型。

建设性破坏是指城市更新所引发的历史建筑被破坏的情况。在快速且大范围的城镇化进程中，往往对历史区域内历史建筑、传统街区采取"大拆大建"的暴力开发手段，对历史建筑进行大规模拆迁或改造、在历史环境中建设不相容的新建筑等，都对历史建筑在物质环境或文化环境上造成不可逆转的破坏。

使用性破坏指的是由于不当使用而引起的历史建筑肌体或风貌上的破坏，比如对历史建筑进行不适宜的改、扩建，或使之长期处于过载使用状态等，尤其是自发的改善利用。部分历史建筑由于较为老旧，在基础设施与舒适度等逐渐损毁，而在使用者方面的变更，有生活需求的提高、人口密度的加大或建筑功能的改变，历史建筑原始的物理机能已难以满足现代化的生活，因而引发违章搭建、重新装饰等改造行为随处可见，进而造成历史建筑结构的破坏和风貌的丧失。改善利用行为在缺乏专业技术支持的情况下，可

能对历史建筑造成安全性及风貌性的破坏，如不合适的加层可能影响原有结构，破坏历史建筑原有的比例和风格；而过于消费化的装饰手法会使历史建筑流于庸俗，对历史建筑造成物理及风貌上的破坏。

（1）大建仿古建筑

以保护古建发展旅游的名义，拆旧建新，大建仿古建筑就是其中的一种典型情况。从北到南，各地纷纷建起仿古街，"清代一条街""宋街""汉街"，究其原因是仿古建筑比真正的古建修缮维护投入少、效益高，以至于许多原本很有保存价值的历史街区，反而沦为了"假古董"。有的地方捕风捉影，粗制滥造，甚至以假充真，用似是而非的仿古街代替传统文化街区，使文物保护工作商业化、庸俗化。有的地方重利用、轻保护，对待传统文化建筑往往急功近利，追求短期经济效益，搞过量开发，使传统文化建筑受到不同程度的毁损。

（2）城市边缘地带问题特别突出

城市边缘地带是指城市（包括建制镇）附近，在近期规划或远期规划中纳入市区用地范围的地段。由于我国城镇化进程加快，这些地段高楼林立，车水马龙。割断历史，城市建设风格雷同，甚至"千城一面"的做法，已经受到人们愈来愈多的指责。保护与利用好传统文化建筑，处理好新旧建筑的关系，保持城市文化的连续性与厚重感，形成各自的特色，更应引起高度重视。

3. 过度保护的破坏

保护的目的本是为了延续历史建筑的物理效能及形态，但刻板的保护方法和措施往往会对历史建筑造成不可逆转的破坏。首先，历史建筑可能由于过度的保护而无法被继续合理使用，博物馆式的保护状态无疑将加速建筑的衰败，这种保护的方式无疑抹杀了许多仍有使用价值的近现代历史建筑，持续使用才是将其寿命延续的主要途径。同时，由于使用受到限制，历史建筑本身无法产生实际的效益，而政府在财政上的补贴往往难以维持，进而造成后期维护的困难，这一种情况正是当前很多仍可使用的文保建筑所碰到的问题。其次，一些不恰当的修复手法亦会对历史建筑造成难以估量的损害，如为追求整旧如新而对建筑立面进行草率的粉饰处理，将其原有色调和肌埋掩盖，非但不能使建筑重新恢复其历史面貌，相反致其历史文化特征荡然无存，显得廉价而粗劣。

　　许多历史城镇在对历史文化保护区和历史街区保护的实践活动中，经常遇到这样的问题：村民（镇民）建设宅基地无法另行选址，保护规划虽然做了，但建设新区的土地不能落实，村民只能旧地翻建、改建、重建。这是造成历史城镇新旧建筑混杂、风貌遭受破坏的一个主要原因。许多历史街区、历史建筑内居民人口密度偏高，住户较多，没有配套的房屋管理措施，无法疏解人口，这是保护区内脏乱差的主要原因，也是火灾频发的诱因之一。同时，保护古街区需要较大的资金投入，没有政府财政的足够支持，很难解决建筑白蚁预防、电线老化、古建修复、上下水管网改造以及公厕、垃圾收集点建设等一系列问题。

（二）历史建筑保护过程中遇到的困难

1.开发建设与建筑遗产保护的矛盾

　　城市规划建设与文化遗产保护和历史建筑、民居保护实际上是一对矛盾体系，却也不是无法有效化解的，我们应当正确认知保护过程中遇到的问题和困难。比如，旅游产业以及文化遗产和传统民居保护之间的矛盾问题，很多地区的文化遗产地呈现出孤岛化以及商业化现象，城镇化建设过程中严重忽视了对文化遗产和传统民居的保护。文化遗产地新建了大量的现代建筑，传统民居的原真性发生了改变。

　　开发建设与保护遗产的关系亟待理顺。在历史与现代，发展与继承的交叉路口，世界遗产是个充满魅力而又让人深感沉重的话题。如何在进行现代化建设的同时，保护好生态并传承古代文明，做到既对得起子孙又无愧于祖先，值得当代人去探究与深思。如何寻找"保护与开发"的平衡，避免错位，超载开发。减少对遗产景区的人工化、城镇化的做法已经迫在眉睫。对传统民居以及文化遗产造成的破坏是不可逆的，传统民居文化空间日渐狭窄，历史文脉被人为地割裂，而且传统民居以及老一辈的记忆逐渐在消失。

2.保护经费短缺，宣传管理力量薄弱

保护经费短缺，是制约历史建筑保护的首要问题。现阶段城市建设中的投资主体多元化，有不少建设工程是投资商用商业运作模式来完成的，所以文物保护经费便转由建设单位承担。投资商（建设单位）为了降低成本以追求更大的利润，往往只对列入文物保护的单位进行出资保护，对那些虽未被列入保护范围却有一定文物价值的老式建筑与历史街区则不实施保护措施，以致它们被大规模拆除，导致历史文化遗产和风貌丧失殆尽。一些地方政出多门，有利争利、无利推诿。除一些重点项目外，缺乏统一协调，资金筹措十分困难。可以用于历史文化建筑保护的专项资金也极其缺乏，常常力不从心，捉襟见肘。

3.相关法规不健全，专业技术人才紧缺

从法规制度上看，现有的相关法规，都是由各个相关部门在不同时期制定出台的，缺乏统一标准和综合指导功能。因为历史背景和视野上的差异，不仅存在法规上的不少疏漏、缺失、空白，而且出现一些相互矛盾、相互掣肘的现象。有的条款没有配套的法规和技术标准，操作起来难以界定，甚至出现偏差，致使已列入保护名单的传统文化建筑很难得到妥善的保护，而未列入保护名单但又具有文物价值的古建筑及构配件更难得到保护。法制队伍也不健全，缺乏整体的法治环境，处罚力度不够。各执法部门之间的衔接往往不到位，形不成综合执法的格局。一旦违规，真正处罚的很少或很轻，甚至置若罔闻。这都在不同程度上制约着执法的有效性。

从专业技术人才队伍上看，这部分力量相当缺乏。历史文化建筑的调查、研究、评价、规划设计、修缮、施工、管理，都需要大量专业人才的参与，但现在我国古建保护工程老一代专业人才和匠人已日渐稀少，新一代从业人员数量明显偏少，青黄不接，队伍的整体水平也偏低，许多地方的保护工作赶不上破坏的速度，许多有价值的历史文化遗产正在继续遭受破坏。

110

4.历史文化建筑的价值评定工作滞后

由于缺乏保护历史文化建筑的专门人才及一套快速有效的历史文化建筑价值评定体系和评判机制,许多历史文化建筑的价值评定工作滞后。在城镇化浪潮涌来时,许多有保护价值的古建筑还未得到应有的价值评定,就被城市建设的推土机推平,或者被建房的村民们拆毁,只留下许多遗憾。而这些古建筑由于尚未进行价值评判,还未进入历史文化建筑的保护体系。

(三)建筑遗产保护与利用的策略与方法

1.建筑遗产保护与利用的策略

(1)政策建构

我国的建筑保护体系以《文物保护法》与各地方性有关法律规范为法律基准,同时以"文物保护"为核心。但如今这种机制已经无法与建筑遗产的发展相协调,建筑遗产在文物保护的禁制中难以融入城市的机能构建之中而进行再利用拓展;此外,建筑遗产中非国有成分日渐增多。非国有的全国重点文保单位以私宅为多,如乡土建筑中的古村落、城市历史街区中的老房子等,这些单位的维修费主要由私人业主负担。但一方面古建筑修缮限制多,本身维护费用就高,另一方面由于缺乏国家补偿机制,百姓个人维护负担也较重。

虽然我国在《国家重点文物保护专项补助资金管理办法》中有针对非国有文保的资金补助,但其申报程序较为烦琐,对建筑遗产保护与再利用的具体实施也没有具体的标准与参照❶。为此,国家政策与地方法规的多方共融才能推进建筑遗产保护与再利用的发展。

(2)保护与再利用的经验借鉴

基于我国对建筑遗产的保护与再利用起步较晚,尚未发展成熟,而西方

---

❶ 参见 2013 年《国家重点文物保护专项补助资金管理办法》第三章的第十二条和第十三条。

各国早已进入了对建筑遗产再利用的成熟期，我国部分沿海城市也逐步完成了对建筑遗产保护与再利用的探索性实践，这无疑是我们必须要认真研习的回溯之路。

西方国家对建筑遗产保护与利用所采取的政策与措施基本上可以归结到环境、经济与社会结构相协调发展的层面之上。如德国对鲁尔工业区长达五十年的转型改建，其涉及各个阶段不同阶层的协调发展，并由德国联邦和各级地方政府充分发挥鲁尔区内不同区域的优势，形成各具特色的优势行业，实现产业结构的多样化。鲁尔工业区的重生经历了再工业化、新工业化、区域改造一体化与产业结构多元化的四个发展阶段，与此同时促成了各项政策的确立（图4-12），并引入了区域城市规划理念❶。鲁尔区的物质空间规划的"协调"理念，即使空间的各项需求达到平衡，这包含了保护与恢复自然空间价值，同时它也将建筑遗产保护与再生利用和城市结构规划发展紧密地联系起来。

1960

Development Program Ruhr《鲁尔发展纲要》1968

1979《鲁尔行动计划》Action Program Ruhr

Goal and Steel Regions Initiative for the Future 《煤钢地区未来倡议》1986

1989–1999《国际建筑展埃姆舍公园》 International Building Exhibition Emscher Park

Project Ruhr《鲁尔项目计划》2000–2006

2007《鲁尔都市区经济提升计划》 Economic Promotion metropoleruhr GmbH

2007

图4-12　鲁尔区区域性结构政策计划

国内一些对建筑遗产保护与再利用的实践经验也值得借鉴。位于汉口的花旗银行大楼与上海外滩浦东发展银行大楼修复后均延续了建筑的原有功能，并以最小干预、真实性、整体性、科学性、持续性、系统性的利用原

----

❶ 罗伯特·施密特（Robert Schmidt）在1921年发表了一部先导性的城市规划备忘录：《杜赛尔多夫行政区总体规划原则备忘录（莱茵地区法律）》。其中描述了有关普通选址政策的基本原则。这份报告第一次将区域城市的规划理念引入鲁尔区。

则，使历史建筑融入现代生活。位于苏州的山塘街与平江路都在保留原有居民生活结构的同时植入新的功能，使旧环境与新机能紧密结合在一起，在不截断其历史脉络的同时又展现出了时代精神的独特气质。

无论是西方各国对庞大规模的工业遗产更新转型还是我国对单体或群组建筑遗产的再生实践都突显了建筑遗产作为城市的一部分，它的曾经、现在与未来都无法脱离城市机体的发展、社会经济的影响和时代所赋予的使命和价值。

2.建筑遗产在城市系统中的机能构建

系统规划理论在 20 世纪 60 年代被植入城市规划理论中，在布赖恩·麦克洛克林的《系统方法在城市和区域规划中的应用》（1969 年出版）和乔治·查德威克的著作《系统规划理论》（1971 年出版）中提出系统规划对城市构建的重要性，这一理论对建筑遗产的保护与再利用有着重要的意义。城市系统规划理论提出不久后，建筑遗产的保护与再利用便与城市发展密切关联起来。这一切并不是巧合，而是一个科学、系统的引导。

我们能将生命体看作一个系统，同样，我们也能将正在发挥功能作用的人造实体视为一个系统，譬如城市及其区域[1]。城市系统规划理论将城市作为一个系统，其他若干成分为系统的各个部分提供其功能运作，为此建筑遗产也将是系统的一个部分，它与城市系统的其他子功能部分相互影响并相互制约。这牵一发而动全身的连带关系，成为建筑遗产保护与再利用实施的首要环节。既然建筑遗产是城市系统的一个单元（建筑遗产的保护与再利用可被看作城市系统下的一个子系统），那对建筑遗产的合理保护与有效利用应该是在满足城市系统的正常运作与良性推进的前提之下进行的。为此，势必考虑城市或区域机能的真正需求才是有效实施建筑遗产保护与再利用的关键所在。

3.深度宣传文化遗产和历史民居建筑保护

文化遗产的保护以及传统民居的保护应当从人的思想观念上入手，加

---

❶ 尼格尔·泰勒 . 1945 年后西方城市规划理论的流变 [M]. 北京：中国建筑工业出版社，2006.

强思想重视，提高全民保护意识，并将该种理念深入人心。在现代城市规划建设以及发展过程中，应当将文化遗产和传统建筑保护工作纳入整体规划体系之中，并且对文化遗产保护以及传统民居保护加强思想认知以及增强保护意识。为此，实践中应当采取多种方式和方法，不断加大文化遗产和建筑保护宣传力度，使文化遗产以及传统民居等历史建筑的保护意义和价值深入人心：让人们通过切身感受到这些文化遗产以及民居等历史建筑带给他们的感受，不禁感叹前人之伟大，而且还能从传统民居中感觉到一种自豪。

4. 将文化遗产、建筑保护与城市规划建设有机结合

实践中应当立足实际，根据城市规划方案以及本地区的文化遗产和需要保护的历史建筑的特点及分布等，制定切实可行的城市发展规划方案。一方面要不断改进和完善城市规划设计方案，另一方面应当尽可能照顾到本地区范围内的各种文化遗产、遗迹以及即将消失的各种历史建筑和传统民居。事实上，城市建设过程中的文化遗产保护以及历史建筑保护过程中，可能并不缺少城市规划方案。为此，在制定城市规划方案过程中，应当保持前瞻性，综合考虑各方面的影响因素以及文化遗产和历史古迹的保护。具体而言，就是在城市规划建设之前应当邀专家就文化遗产以及各种历史建筑进行详细考察，对考察结果进行科学记录，根据文化遗产以及建筑、民居的实际情况制定切实可行的保护方案和措施。在制定城建规划方案时，应当综合考虑专家们的建议。城市规划建设和发展过程中，不仅要保证其科学合理性，而且还要考虑其长远性，为此需将城市规划与文化遗产和历史建筑保护相结合，在发展城市过程中保护这些珍贵的文化遗产以及传统民居。

四、建筑遗产保护与利用的发展

（一）我国历史建筑保护与利用工作的加强与完善

中国正处于社会结构变革的时期，城镇化与城市文化迅速兴起，消费型的商业社会逐步形成，具有全球化和后现代语境的大众文化正成为当代中国

人生活方式的主流。随着历史建筑保护与利用的工作逐渐受到重视，其研究工作方兴未艾，新的问题和方法层出不穷。现在列举我国历史建筑保护与利用中还需加强与完善的三方面。

1.相关法规制度的加强与完善

（1）相关法规制度的缺乏

历史建筑保护与利用不仅仅是一两部法律法规就可以保障的，如今我国出台了《中华人民共和国文物保护法》《中华人民共和国文物保护法实施细则》，以及许多相关地方保护条例。以北京为例，有《北京市文物保护管理条例》《北京市文物建筑修缮工程管理办法》《北京市文物保护单位保护范围及建设控制地带管理规定》《北京市文物工程质量监督工作规定》《纪念建筑、古建筑、石窟寺等修缮工程管理办法》和《古建筑消防管理规则》等相关规范。

历史建筑保护与利用是一项涉及多学科的实践活动，对其保护管理等相关事宜都应进行详细规定，尤其有必要制定一套完整的建筑保护与利用的相关法则，做到有法可依。我国现有的相关法律主要着眼于"允许建什么""不允许建什么""建成什么样"，局限于"建"的管理，而几乎没有对于建筑物拆、改的管理规定（少数历史建筑除外）。建议改变过去"管建不管拆"的做法，制定建筑物拆、改管理的相关法律法规，对建筑物的拆、改严格把关，从根本上制约对既存建筑的破坏。同时要特别强调，禁止对未达到使用年限、尚具有良好使用价值的近现代建筑的拆毁。

另外需注意的是，在历史建筑保护与利用中，对于建筑师来说，当前严重影响他们发挥作用的，与其说是要求保护历史建筑的各种条件，不如说是建筑基准法、消防法等法规中的各种严格规定。在这些保护地区中，对于建筑红线、建筑密度、容积率、防火、耐火性能、结构强度等标准，许多建筑物是不能满足规定要求的。一旦要进行保护工作，这些规定马上就成为难以逾越的障碍。这些都有待于对这一学科进行研究，并且通过学科的推进，能够完善相关法规制度，使这项工作能够顺利开展。

（2）建立政府补偿奖励制度

面对当前我国的旧城改造，因保护或再利用所形成的房地产损失是不可忽视的，尤其是在采取完全保护的方式时。因此如何通过减少私人利益的损失，提高私人保护意愿，是目前历史建筑保护中尚待突破的关键。通常可以采用政府直接经费补助、减免某些税赋、银行给予优惠循环资金贷款等方法。政府可以获得直接参与计划的机会，对开发者提出部分附带条件，以确保政府的财务补助不会遭到滥用；也可以避免开发者对历史建筑的过度开发，有利于对开发行为的控制和对历史建筑的保护。

2.资金保障体系的加强与完善

历史建筑再利用的意义主要体现在环境保护和维持生态平衡、历史文化的传承、城市的记忆及市民感情维系等方面的无可替代的价值，因此其在经济上往往并不以赢利为目的。政府应通过多支撑点的资金保障体系对其进行宏观调控。目前，我国还没有建筑保护与利用的鼓励政策，亟须建立多支撑点的资金保障体系，主要内容包括政府直接补助、税费减免、公益团体捐赠及个人资金投入（均与政府行为相关）等。其中来自政府的税费减免政策，是资金保障体系的核心。通过资金保障体系的建立，可以调动私人资金投资于历史建筑保护与利用的积极性，从而起到开展再利用项目"催化剂"的作用。

3.专业学科的加强与完善

由于历史建筑保护与利用涉及的专业范围广泛，涉及建筑学领域中的大部分内容，因此培养历史建筑保护与利用方面的建筑师是一项艰巨的任务。就我国目前建筑学本科教育来看，一些院校所开设的有关保护与利用方向的研究生教育多包含在建筑历史专业中。

在西方国家许多大学都设置系统的历史保护专业和课程，历史保护学作为一门新兴学科，在建筑学、城市规划、景观园林、环境保护、历史学、人类学等领域都备受关注。

对于历史建筑保护与利用的学科设立，可以借鉴日本保全工程学的主要内容，其主要分成保护工程学和空间利用工程学两部分。

第一部分，保护工程学，所涉及的领域很宽广，根据观察对象的不同，分类如下：

①使对象不至于达到完全破坏状态的技术准备。

②使保全对象空间重新获得实用价值的技术。

③维持保全对象物理性状态的技术。

以上前两个方向实际上相互交织，分别由某一方面专家包揽未必合适。凡参与保护工程学的人都需要不断地在这三方面加以注意。只有将这三者统一，才有可能使保护工程学成为名副其实的科学事业。在①中，包括行政管理的问题、经济性要素以及邻近关系等社会规划上的问题，②和③密切相关，从家具布置，到空间论，甚至可以扩展到更广泛的领域。

第二部分，空间利用工程学，是空间的利用方法，特别是居住的方式，关系到使用者和居住者微妙的生活情感，希望该方法培养出致力于此业务的专门技术人才。要求这些技术家们从考察开始到规划设计、细部设计和施工监督等广泛范围内开展工作，同时，也需要在施工现场，用适合居民群众和建筑使用者的方式不断进行宣传。

（二）历史建筑保护与利用的发展趋势

随着人们对历史建筑保护与利用意识的加强，有关保护与利用的理论和观念在大量的实践和研讨中不断得到更新和发展，历史建筑保护与利用的范畴也得到扩展。它们对中国目前的历史建筑及环境保护具有很好的指导、启发和借鉴价值。具体有下述几方面。

1.保护与利用的空间范围扩展

历史建筑保护与利用不仅针对其自身进行功能置换、增加基础设施和服务设施等，常常还需要综合采用用地调整、环境整治和重要地标建筑物与环境形态要素的保护，使之成为清晰可见的地段历史发展的见证物，又具有全新的、符合当代使用功能和景观生态要求的一流环境。

因此需要对它们进行整体性保护与利用，其空间范围由主体建筑扩展到周围的环境，并且同时关注人文生态环境及传统的城市格局等更大的空间关系。

2.再利用的价值范畴扩大

重视历史建筑的文化及情感价值。中国以往将文物建筑的价值分为历史、美学、艺术三方面。在西方则还增加实用价值方面。到了 20 世纪 70 年代后期，人们提出重视文化价值和情感价值，其中，文化价值包括艺术、审美、宗教、种族、民俗等方面，情感价值包括认同作用、历史的延续、国家的责任感、精神的象征性、意识的凝聚力等方面。

3.再利用的对象扩大

国际古迹遗址理事会所主导颁布的宪章及公约，影响全世界各国与地区的文化遗产相关法令的研拟与实施，中国的文化保存当然也不例外。该组织本身所代表的含义就是纪念物与文化遗址的国际性保存组织。这里的纪念物指的是各国遗留的富有历史意义的重要文化遗产。依据其重要性分为世界级、国家级与地方级等不同等级。但自从 20 世纪 70 年代以来欧洲各国对文化遗产的保存对象逐渐扩大。除了重要的纪念物，各城市中的历史建筑，如有特色及代表城市历史的个别旧建筑、建筑群以及聚落，甚至产业建筑也被纳入了保护与利用的范畴。结合中国的实际情况，对以上这些新观念多加了解、分析和把握，对我国的历史建筑保护与利用工作是十分必要和大有益处的。

总而言之，随着城镇化建设的不断加速，寸土寸金的时代背景下文化遗产以及传统民居的保护工作面临着严峻的考验。对于城市建设发展与文化遗产和建筑保护之间的矛盾，实践中我们应当立足实际，不能偏废其一。在城市规划建设过程中，应当对本地特色文化和历史文化遗产加强保护。城市建设过程中的文化遗产保护以及传统民居等历史建筑的保护和修缮工作至关重要，从某种意义上来讲关系着城市的可持续发展，因此应当加强重视。保护文化遗产以及各种类型的历史建筑和传统民居势在必行。

第五章 城市规划中历史建筑的修复

一、城市规划中历史建筑的修复的原则

（一）城市历史文化建筑保护和利用中修复的原则

1.修复的基本原则

（1）安全性原则

有些古建筑已有百年以上的历史，即使是石活构件也不能完整如初，必定有不同程度的风化、位移或歪闪。如果以完全恢复原状为原则，不但会花费大量的人力物力，还可能降低了建筑的文化价值。因此，普查定案时应以建筑是否安全作为修缮的原则之一，这里所说的安全包括两个方面：一是对人是否安全，比如，勾栏经多年使用后，虽然没有倒塌，表面也比较完好，但如果推、靠或震动时，就可能倒塌伤人；二是主体结构是否安全。若与主体结构关系较大的构件出现问题，应予以重视，如石券产生裂缝就应该马上采取措施。若与主体结构关系不大的构件出现问题，则可少修或不修，如踏跺石、阶条石的风化，少量位移、断裂，陡板石的少量位移。有些构件即使与主体结构有关，也应权衡利弊，不要轻易下手。例如，两山条石倾斜，如果要想把它重新放平，必须拆下来重新归位，这样山墙底部就有一部分悬空了，反而会对主体结构造成影响。总之，制定修缮方案时应以安全为主，不应轻易以构件表面的新旧作为修缮的主要依据。

（2）完整性原则

把单个的历史建筑放入整个历史街区中去考虑，建筑个体应和整个街区的历史风貌相协调，同时也应和周边的历史环境协调；把单个的构件放入建筑的整体中去考虑，经修缮的部位应尽量与原有风格一致。所有建筑应在场所、设计、周边环境、建筑材料、工艺技术、情感、关联性方面具有完整性。

城市是一个整体的系统，城市的各组成要素是一个整体。建筑的组合形成了城市，但城市并不是建筑的简单叠加与机械组合。对于城市历史环境来说，则是体现为单体历史建筑—历史地段、街区及建筑群—城市整体历史环境，每一个层面都涵盖着上一个层面，且每一个层次都有自身的特点。被开发再利用的历史建筑作为活化城市历史街区的点，将逐渐带动整个区域的发展；多个区域的更新变化，又将促进城市的不断更新发展。

历史建筑的修复设计，首先要坚持整体性的原则，站在整个城市的角度，以综合的视角去处理各种矛盾，以全面的眼光去协调各种关系，而整体性原则的重要判断指标就是设计是否符合城市规划。

首先，整体性原则要求历史建筑的修复设计必须要服从城市规划的要求，从城市发展的层面看待历史建筑的修复。城市规划应该对历史建筑修复设计的深度，包括根据建筑所在位置和区域决定是否允许加层加建、是否可改变立面风格及细部装饰、必须原样保留和可适度改变的范围、改变的适宜比例等做出明确的限定，这些内容也成为支持和衡量具体的设计策略和手法的根本准则。再高超的设计手法，都必须立足城市的高度和视角，服从于城市规划和城市历史风貌保护的前提。

其次，整体性原则还表现为修复历史建筑的同时保护历史环境。这里所说的"保护历史环境"有两层含义：第一，保护单幢历史建筑的周边环境；第二，保护成片历史文化风貌保护区。

（3）原真性原则

文物建筑的构件本身就有文物价值，历史建筑中也有丰富的价值资源。原真性可理解为其原生的并含有历史印迹的内容，它是检验建筑遗产的一条重要准则。它包括其设计是否为原来的初衷，并有哪些历史上的更改？建筑材料是否为传统材料？是否延续了传统的建筑工艺和技术？其历史环境是否真实？因此，将原有构件任意改换为新件，虽然会很"新"，但可能使很有价值的文物变成了假古董。只要能保证安全，不影响使用，残旧的建筑或许更有观赏价值。古建筑的修缮以"修旧如旧"为法则。这个法则包含下列方面：能粘补加固的尽量粘补加固；能小修的不大修；尽量使用原有构件；以养护为主。原真性原则，同时也是保存其价值的有效方法。

（4）可识别性原则

它是和原真性息息相关的。任何新增的构件，新添的做法，不仅应有协调性，保留原来的工艺和技术，同时也应有可识别性，即保留当代的特征，而不是完全刻意地模仿甚至混淆新老构件。

（5）可逆性原则

在以上面几条原则为主的修复设计中，经过科学的分析和选择，即可对现状进行适当的修缮和改造，如梁架的加固、构件的补缺等；但限于当时当地的技术条件，有些可能只是一些临时性的加固措施。因此要求所有的补、添措施以及相关的构件和技术手法，不仅是非破坏性的，而且应使人一目了然，便于识别又易于原状复原，为以后的进一步保护留有余地。

（6）动态性原则

城市的整体性、复杂性与系统性要求城市历史建筑的修复设计必须坚持动态性原则。任何一个系统都是一个"活系统"，无时不处在演变、进化之中，城市系统也是如此。城市本身处于不断演进之中，在城市中，经济、文化、社会、生态等因素不断耦合，并反映在城市物质环境之中；同时物质环境建构起来，又会在一定程度上影响城市的经济、文化、生态过程，使城市自身不断进化。

历史建筑的修复与利用，在动态性原则的指引下，更应着眼于城市是一个连续的变化过程，应当使整个设计过程具有更大的自由度与弹性，而不是建立完美的终极环境；它不仅仅是一个目标取向，而是一个过程取向与目标取向的结合；它必须与城市的发展相结合，必须适应不断进化的城市空间。

具体来说，动态性原则要求在对历史环境的规划中，应将历史—现状—未来联系起来加以考察，使之处于最优化状态。动态保护强调的是持续规划、滚动开发、循序渐进式和控制性规划，在着眼于近期发展建设的同时对远期目标仅提供一些具有弹性的控制指标，并在规划方案实施过程中不断加以修正与补充，以实现一种动态平衡。应该说，动态保护规划是根据历史环境和历史建筑的各种具体情况，因地制宜地确定相应的保护策略，使其既保持其历史的真实性，又能适应不断发展的实际要求。相对于以恢复原貌为主要目的、以控制性措施为主要思维模式、保护效果差强人意的静态保护来

说，动态保护是一种因地制宜的、保护与更新相结合的、长期持续的保护方式，通过新旧元素的重组与弥合，为历史环境注入新的活力和提供发展的可能性与自由度，是发展中的保护。

2.城市历史建筑修复原则

历史建筑修复的原则是保存现状或恢复原状。保存现状是指原状已不可考证或暂时尚难确证，只好将现状保存下来；此外，因缺乏资金及技术力量等原因，尚难进行修复工作，要保存现状。保存现状，可避免仓促建设造成不可挽回的损失，为今后恢复原状创造条件。当然，已经危及历史建筑安全的因素必须排除。恢复原状是指保持原来的建筑形制、原来的建筑材料、原来的建筑结构形式和原来的工艺技术。历史建筑中完好的部分绝不能动，需要修缮的部分必须做到"修旧如旧"。当然，在运输、测量、加固等方面适当采用现代机械、仪器与工具，只要不影响古建筑的原貌，不降低其价值，也是允许的。

我国多年来奉行的历史建筑修复原则，对于文物价值高的历史建筑无疑是正确的，也是今后应一以贯之的。然而，对于各种传统文化建筑，如一视同仁，这实际上很难做到。传统文化建筑价值的分类分级不一样，理应区别对待。各方面的价值都很高，肯定是不折不扣地修旧如旧，如没有把握，只要不影响安全，宁可搁置不修。如果科学研究价值很高，或其中某部分科学研究价值很高，那么相关部分甚至整幢建筑也应修旧如旧。有的传统文化建筑，主要是建筑外观与风貌有特色，修旧如旧的重点则应是保持这些风貌特色。

对于修补的部分外观如何处理，有两种观点：一是主张做旧，与原建筑基本一致；二是不做旧，使人一目了然。两种观点各有理由，难求统一。一方面应尊重当地习俗，另一方面，则要避免对今后的科学研究造成误导。所以，不管哪种方法，均要将修缮过程详细记录在案。此外，当既须维修，又对其是否有科学研究价值难下定论时，则可取出若干样品妥善存放，留待进一步考证。一般来说，新材料的使用主要是补强与加固，并应尽可能隐蔽。

（二）历史文化建筑保护和利用中的修缮设计与施工问题

我国在传统文化建筑修缮方面已积累了很多经验，出版了不少学术著作，有专项的技术标准、很多成功的范例，目前历史建筑的修复存在的问题主要有三个方面：

第一，有关的科学研究尚不深入。我国现有的关于古建筑技术的学术著作，大多是根据宋代《营造法式》、清代工部《工程做法则例》等古代文献，以及对中国著名古建筑的实地考察而整理出来的，偏重于北方官式建筑。我国幅员辽阔，官式与民间，北方与南方，做法差异很大，中原与边疆更是不同。因此，这些学术著作便难以对全国的古建筑修缮工作进行全面指导。近年来出现的一些学术著作与技术资料，常常缺乏实地考察，重艺术不重技术，在修缮中应用便如同隔靴搔痒。因此，各地要组织技术力量，深入地对当地古建筑的技术进行专题研究，制定出相关的技术标准与范围，这是一项十分紧迫的任务。

第二，修缮工作不规范。传统文化建筑的修缮包括调查研究、评价、测绘、设计、施工、验收、维护等若干环节。任何环节的疏忽与失误都将影响修缮的质量与效果。目前，除重点工程外，粗制滥造、画虎类犬的情况仍很普遍。因此，建立一套质量监控体系十分必要。

第三，修缮技术队伍的素质良莠不齐。无论是设计部门，还是施工部门，优秀的技术人才缺乏是一个突出的矛盾。解决的途径：一方面是加强人才的培养，另一方面则应建立针对古建筑修缮的设计与施工单位的资质评定制度，以及技术人员的准入制度，以确保古建筑修缮的质量。

（三）城市历史文化建筑的修缮应注意的问题

城市中最易碰到的情况是历史地段的整治与更新。保存完好的历史地段已很少见，常常是旧貌依稀，老宅尚存，但已有若干改动，而新插入的建筑如同用新布在旧衣上打了补丁。街道狭隘，基础设施较差。为了恢复旧貌，改善环境，找回昔日繁华，整治与更新在所难免。但在整治更新中，应注意以下五个问题：

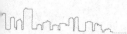

①道路不要任意拓宽，现代化基础设施要尽可能隐蔽。如难以两全，可将旧地段修旧如旧，划为相对独立的地段予以保留，而在其附近另辟新区，并注意两者的协调。

②与原风貌迥异的新建筑尽可能拆除，风格相似的可作局部改造。

③价值很高的古建筑应尽量保持原样。如主要是建筑造型上有特色的，可在保持其风貌的前提下作适当改造，或对室内作若干调整。

④可以将附近价值不高的古建筑拆迁到某地段相对集中，但风格要基本一致。新迁入者一般不宜大于原有古建筑，并最好基本采用旧材料、旧工艺。

⑤传统文化建筑地段大都有良好的自然环境，在整治更新时应将绿化与水体的整治一并加以研究。

（四）东西方历史建筑保护和修复的差异比较

虽然，中国近代城市历史文化保护的理论是从西方引进的，权威的保护思想和方法似乎不言而喻以西方的标准为准则，但是，客观存在的民族文化特质的差异，导致对待历史及历史建筑的态度存在根深蒂固的差别，加上国情的不同，必然加深在城市历史文化保护的观念及方法上的差异。所以，比较中西方对城市历史文化保护的认识和保护方法的差异，有助于我们在学习西方先进的保护经验的同时，结合自身的特点和具体情况，研究在城市经济高速增长、城市发展十分迅速的状态下保护的理论及方法。

1.保护观念的差异及其所反映的社会价值观的差别

中国的传统哲学则以无为本，从无到有。所谓"天下万物皆生于有，有生于无"。相对于西方的"存在"与"理念"、"实体"与"逻辑"，中国则强调道、无、理、气，并以模糊的观点，整体地把握整个宇宙。道家的"道"是"道可道，非常道"，永恒之道只能是以模糊为最高境界，而孔子也认为"六合之外，圣人存而不论"。当儒、道等各种思想融合为中国文化的气、阴阳、五行的整体宇宙时，中国文化的模糊性就坚如磐石了。

在西方，从实体出发的研究方法，形成求"真"的学术传统。在历史文化保护理论上形成的强调保护文物建筑真实性、强调文物建筑历史可持续性，就反映了这种哲学思想。正如《威尼斯宪章》开头所指出的，"世世代代人民的历史文物建筑，饱含着从过去的年月传下来的信息，是人民千百年传统的活见证……我们必须一点不走样地把它们的全部信息传下去"。该原则已成为西方关于历史文物建筑保护观念的历史总结。

和西方寻求"真实"的保护比较，中国追求"意"的流传。中国文化的模糊性产生了从整体功能把握宇宙的思维模式。这种模糊性也表现在人们对于"道"及对于文化价值的认识。历史上中国对重要历史建筑的保护也反映出这种强烈的文化特质：注重场所精神的延续和发扬，而非建筑实体的真实信息的万古流传。曲阜孔庙的不断建设发展就是一个重要实例。作为文物建筑，曲阜孔庙表现为各个时代的构件和色彩的融合。这种中国传统的文物保护观念和方法及其追求的社会意义是很典型的。这里某一朝代的建筑客体，并不被看作是纪念孔子思想的最完美的表现而加以保护，而是被视为思想表达的一个有机组成部分，后人则根据自己对崇高和完美的追求，运用新的建筑形式重新解释中国"天人合一"和"通天达人"的审美思想。

2.保护原则和方法的差异

西方保护的核心问题是"真实性"，因此在实践上，历史文物建筑被看作是一个历史信息的载体，这个载体与历史信息的关系是共存的、不可逆转的或不可再生的。因此保护的重点在于文物建筑的存在，真实性是文物建筑存在的最基本的要素。历史文物建筑的保护原则就是要保护它们所负载的固有的、可信的和完整的历史信息。依据这种原则，在实践上，对待历史文物建筑的修复，产生了诸如意大利的"文献修复"和"历史性修复"的方法。

中国的传统建筑以木构为主，较之西方以砖石结构为主的建筑更加容易破损，为了保护和维修，保持建筑的完整性，需要经常更换梁柱，这是十分自然的保护方法。中国对于文物建筑，无论是采用经常性的保养、抢救性的加固、有重点的结构加固，还是彻底的"整旧如旧"的复原，甚至随意添加建筑物，方法不拘一格，使得各个时期的历史信息融为一体，重要的是保存一种环境、氛围和格调，从而使文物建筑所表达的意蕴永久。

城市历史文化的保护、利用与发扬犹如生物学上的遗传与变异，互为条件，对立统一，生物体不能只有遗传，只固守遗传的密码和信息，生物要通过变异来适应环境，实现物种的发展。社会也不可永远固守传统、不求变革。然而，正像生物体一样，如果只有变异而无遗传，就会变成不可捉摸的怪物。社会也不可能总是处于变动之中，也需要有保守主义的倾向。我们要学习西方国家历史文化保护的成功经验，提倡保护历史建筑"原真性"思想，为子孙后代留下真实的历史信息，通过对固有价值的肯定来巩固城市历史文化体系的稳定。当然，这些信息也是经过当代保护工作的"批注"后，获得"当代性"的信息。其次，要注重发扬。我国历来重视历史建筑环境"意蕴"的延续和发扬，保护现存历史建筑的真实信息，只是城市历史文化保护工作重要的一部分，城市旧区改造和新区建设，需要创造新的城市肌理作为城市新文化的载体，历史的精神遗产、历史的文化创造的密码，通过我们有意识的努力，应该被编织进新的文化创造的机制中，通过不断适应环境变化的变革，使城市历史精神的生存能力得到加强。

二、历史建筑的修复技术

（一）保护与修缮的基本步骤

1.现状测绘与评估

充分认识、理解和研究，是历史建筑保护的前提，具体的操作通常按以下步骤进行。

测绘是对建筑本体的忠实记录，即根据保存状况，对建筑的尺度及细部尺寸、空间划分与使用、室内家具情况、建筑质量、结构安全情况等进行细致的调查和分析。它是进一步修复设计的前提。

测绘，一般指现状的测绘，涉及历史建筑物的尺度、用材和做法等方面的信息。它相当于竣工图，但它一般只反映现状，不反映原状。

勘察，一般指从建筑学的角度，对历史建筑的"健康状况"进行细致的检查和记录。从基础、地面、柱子、梁架、楼板、椽望等结构性内容，到门窗、装饰等围护和修饰性内容，都要进行详细的调查和描述，如榫卯的破坏情况、梁架的裂缝大小及其对结构的影响、椽望的损坏情况及其面积大小等。重大的工程，还需对其基础、结构、构件等进行专门的检测，以期为具体保护方式的制定提供依据。

价值评估，一般指对历史建筑的历史、文化、科学艺术价值等的一个综合的评价。这需要结合后面的文化空间调查和建筑学领域的细致研究来进行。

现场历史建筑的勘察与评估，主要包括节点结构和构造的检测、安全度及风貌的细致评估等，从这些方面准确得出现状结构保存的真实情况，据此提出正确、合理、完整的修缮措施。以上海市朱家角漕港河沿岸景观改造工程为例，说明如下：

①具体位置。一般用平面图或用轴号关系说明。可参见测绘图纸，此处不予赘述。

②现状问题。一般均说明其材质、做法、裂纹、腐朽、病变、破损、工艺效果、视觉效果、安全隐患等相关的问题，并提出建议。

③评估值。本次评估以安全度和协调度作为主要量值。

该项目按其位置分为地面、围护及分隔结构、承重结构、屋面、其他五项，其权重分别为 5%、25%、55%、10%、5%。

结构安全度按百分制，分为优（90分及以上）、良（75~89分）、中（60~74分）、差（40~59分）、很差（39分及以下）五个类别。

风貌协调度也按百分制，分为优（90分及以上）、良（75~89分）、中（60~74分）、差（40~59分）、很差（39分及以下）五个类别。

对建筑修缮的建议，根据不同情况进行相应的判别。其中关于保护、修缮、整治、整饬、更新、拆除的定义，引述如下：

保护——对个别构件进行更换和修缮，修旧如旧。

修缮——对原有建筑的结构不动，在维持原有建筑形式的基础上作补缺和修缮。重点对建筑内部加以调整改造，配备市政设施。

整治——对破损的门窗等重新设计改造，风貌不符合传统式样者进行重新改造设计。

整饬——暂时保留，对外观加以整修改造。包括降层、平改坡、更换外饰面、屋顶等。

更新——拆除后按设计需要重建，与传统风貌协调。

拆除——拆除后规划为开放空间。

操作过程中，针对朱家角项目，编绘表格，如表 5-1 所示。

表 5-1　建筑总体风貌质量评估及其修缮建议

评估值	优	良	中	差	很差
优 （90 分及以上）	保护	修缮	整治	整饬	整饬
良 （75～89 分）	保护或修缮	修缮	整治	整饬	整饬
中 （60～74 分）	修缮	修缮	整治	更新	更新或拆除
差 （40～59 分）	更新	修缮	更新	更新或拆除	拆除
很差 （39 分及以下）	更新	修缮	更新	更新或拆除	拆除

2.历史环境的调查

（1）《西安宣言》

在联合国教科文组织的公约和建议中有关于"周边环境"的概念，在这些文件中，"周边环境"被认为是体现原真性的一部分并需要通过建立缓冲区加以保护的区域。2005 年 10 月，国际古迹遗址理事会第 15 届大会在西安召开，会上发表了"关于古建筑、古遗址和历史区域周边环境的保护"的《西安宣言》。《西安宣言》认为，除了实体和视角方面的含义之外，周边环境还包括与自然环境之间的相互关系；所有过去和现在的人类社会和精神实践、习俗、传统的认知或活动、创造并形成了周边环境空间中的其他形式的非物质文化遗产，以及当前活跃发展的文化、社会、经济氛围。不同规模的古建筑、古遗址和历史区域（包括城市、陆地和海上自然景观、遗址线路以及考古遗址），其重要性和独特性在于它们在社会、精神、历史、艺术、审美、自然、科学等层面或其他文化层面存在的价值，也在于它们与物质的、视觉的、精神的以及其他文化层面的背景环境之间所产生的重要联系。这种联系，可以是一种有意识和有计划的创造性行为的结果、精神信念、历史事件、对古遗址利用的结果或者是随着时间和传统的影响日积月累形成的有机变化。

因此，理解、记录、展陈周边环境对定义和鉴别古建筑、古遗址和历史区域具有十分重要的意义。对周边环境进行定义，需要了解遗产资源周边环境的历史、演变和特点。对周边环境划界，是一个需要考虑各种因素的过程，包括现场体验和遗产资源本身的特点等。

《西安宣言》认为，对周边环境的充分理解需要多方面学科的知识和利用各种不同的信息资源。这些信息资源包括正式的记录和档案、艺术性和科学性的描述、口述历史和传统知识、当地或相关社区的角度以及对近景和远景的分析等。同时，文化传统、宗教仪式、精神实践和理念如风水、历史、地形、自然环境价值以及其他因素等，共同形成了周边环境中的物质和非物质的价值和内涵。周边环境的定义应当十分明确地体现周边环境的特点和价值以及其与遗产资源之间的关系。

《西安宣言》的发表为从事古建筑保护的人员提供了更为清晰的保护理念。古建筑保护不应仅仅局限于对建筑等实物的保护，还应充分考虑到其周边环境，以及环境中所包含的过去和现在、物质和精神、政治和经济等种种信息。这些信息与古建筑或遗址互相渗透、互相影响，成为一个整体。

历史建筑的具体研究，不仅仅局限于建筑实体的调研，还延伸到了与之相关联的很多的人文背景，如家世渊源，历史建筑建造的时间，最初的使用功能，历史上的改建、增建和维修状况，相关的人物、事件、场景，周边的人文环境和社会环境等。

（2）建筑学领域研究

根据建筑的现状测绘图纸和历史环境调查，就建筑的现状问题和历史发展状况展开详细分析，进行个案的研究。包括以下几个方面：

①建筑的沿革。包括建筑年代的确定、历史信息的识读、建筑的发展与历史状况、初建至今的年代更迭与形态变化等。

②建筑的空间环境。包括周围的建筑环境，如建筑的地理位置、周边建筑的位置关系、建筑与河流和街道的关系。

③建筑的形制与格局。主要指其布局特征、规模大小及其在历史上的发展变化。

④建筑的结构与构造特征。包括台基、地面的材料与做法；墙体类型及做法、柱网形式及材料、特色；屋架的结构特征；屋顶的形式、材料及做法；门窗的种类及做法；家具与陈设等。

⑤建筑的细部特征。包括各种木雕、砖雕、石雕、泥塑、匾联、字画、彩画等。

⑥建筑的技术特征。主要指研究对象的设计特征，如尺度特征、用材特点、地域手法、细部特色、特殊技术与工艺等。

总之，通过以上具体的分析和研究，不仅能进一步认识到建筑的价值所在，还能系统分析地域建筑的细部手法，收集建筑相关的历史信息和个性特征，特别是破坏较大的历史建筑，尽管其本身无更多的历史信息可以借鉴，但它对周边乃至整个古镇、古村的历史建筑信息的研究却至关重要。

（二）基础、地面

基础的加固依据《既有建筑地基基础加固技术规范》。事先须进行现场勘察检测，查看基础有无下沉、下沉程度如何；确定施工时基础标高是否需要提升、提升多少；由于基础属于承重部分，如何实现基础加固；是否需要在落架大修的基础上进行基础加固。因此，需要根据地质勘探和基础质量检测报告，由结构工程师提供承载力的要求和结构计算的结果，共同确定基础的加固方式。

基础的加固，一般有以下几种方法：

①基础补强注浆加固法；

②扩大基础底面积法；

③基础加深法；

④锚杆静压桩法；

⑤树根桩法；

⑥坑式静压桩法；

⑦石灰桩法；

⑧注浆加固法；

⑨其他地基加固方法。

地面有无破损或不完整的地方，是否需要更换地面的材料？更换何种材料？更换多少？待基础加固后，主体工程基本完成后进行地面的保护性整修。要求尽量利用旧有的材料，按传统的工艺进行施工。

（三）墙体

1.墙体的检查鉴定

墙体损坏一般包括：倾斜、空鼓、酥碱、鼓胀、裂缝。根据损坏的程度可以将维修项目分为择砌、拆安归位、零星添配、局部拆砌、剔凿挖补、局部抹灰、打点刷浆、局部整修等。这些手段都不能解决问题时，应考虑拆除重砌。由于各地用料情况不同，且由于其他因素的干扰，墙体损坏的检查鉴定不可能有固定的标准。有时虽然看上去损坏的程度不大，但实际上潜藏极大的危险。有时表面上损坏得较重，但经一般维修后，在相当时期内不会发生质的变化。一般说来，造成墙体损坏有如下四个因素：

①木架倾斜造成。如是这种因素造成的墙体倾斜或裂缝一般可以不拆砌。因为在一定范围里，只要木架不再继续倾斜，墙体就不会倒塌，对于这种情况一般只采取临时支顶的方法就可以避免木架继续倾斜。

②自然因素造成，如雨水侵蚀、风化作用等。在这种情况下，只要修缮了漏雨部位，并在风化的部位整修一下，就可以解决问题；如果损坏的程度很大，则应考虑局部拆砌或全部拆砌。

③用料简陋或做法粗糙造成。这种情况往往表现为不空鼓和无裂缝，如属此种情况，只要能保证墙顶不漏雨，墙身不直接受自然因素的侵蚀，一般不会倒塌。

④基础受到破坏。如果木架没有倾斜，整个墙体也较完整，但墙体出现了裂缝或倾斜，这种情况大多是因为基础下沉造成的。此时墙体一定要拆

除重砌，并应对基础采取相应的加固措施。墙体的裂缝和倾斜常与下述因素有关：基础受到地下水、雨水或地下水管漏水影响而软化；树根对基础的破坏；原有灰土步数太少或太浅。如有上述情况，在修缮的同时必须设法予以排除，以免基础继续受到破坏。

检查鉴定时，先应确定墙体的基础是否下沉和墙顶是否漏雨。经检查如有发现应立即采取措施，因为墙体在这两种情况下有可能在短期内发生倒塌，如一时不能确定的，可在裂缝处抹一层麻刀灰，观察麻刀灰有无随墙体裂缝继续开裂。

超过下述情况之一的，应拆砌；未超过的可进行维修加固。

①碎砖墙：歪闪程度等于或小于 8 cm，结合墙体空鼓情况综合考虑；墙身局部空鼓面积等于或大于 2 m^2，且凸出等于或大于 5 cm；墙体空鼓形成两层皮；墙体歪闪等于或大于 4 cm 并有裂缝；下碱潮碱等于或大于 1/3 墙厚；裂缝宽度等于或大于 3 cm，并结合损坏原因综合考虑。

②整砖墙：歪闪程度等于或大于墙厚的 1/6 或高度的 1/10，砖件下垂等于跨度的 1/10 或裂缝宽度大于 0.5 cm；其他同碎砖墙。

只要墙顶不渗水，酥碱不严重，地基不下沉，就不容易倒塌。但遇有上述情况，一定立即排除。

在检查墙体时，应检查每一根柱子的柱根是否糟朽。可用铁钎对柱根扎深，以判断是否糟朽。对于不露明的"土柱子"（暗柱子）应注意检查。较旧的房屋或较潮湿的墙体，必须掏开砖墙进行检查。

2.墙体的修缮措施

①剔凿挖补：整段墙体完好，仅局部酥碱时可以采用这种方法。先用錾子将需修复的地方凿掉。凿去的面积应是单个整砖的整倍数。然后按原砖的规格重新砍制，砍磨后照原样用原做法重新补齐，里面要用砖灰添实。

②拆安归位：拆安归位包括拆安和归安。当某砖件或石活脱离了原有位置，须进行复位时，可采取这种修缮方法。如台明归安、博缝头归安等。复位前应将里面的灰渣清理干净，用水洇湿，然后重新做灰安放；必要时应做灌浆处理。

③零星添配：局部砖件或石活破损时可重新用新料制作后补换。如台明某块阶条石损坏严重或博缝头已失落等，都可进行零星添配。

④打点刷浆：这种方法一般适用于细作墙面，如干摆、丝缝等。打点之前应将墙面刷净洇湿，打点时只需将砖的缺棱掉角部补平即可，灰不得高出墙面。最后用砖面水将整个墙面刷一遍。

⑤旧墙面墁干活：当墙面比较完整，但比较脏，或经剔凿挖补后的墙面可用这种方法。用磨头将墙面全部磨一遍，磨不动的地方可先用剁斧剁一遍，最后用清水冲刷墙面或刷一遍砖面水。

⑥局部整修：整个墙体较好，但墙体的上部某处缺损。常遇到的整修项目有整修博缝、整修盘头、整修墙帽。

⑦择砌：局部酥碱、空鼓、鼓胀或损坏的部位在墙体的中下部，而整个墙体比较完好时，可以采用这种方法。择砌必须边拆边砌，不可等全部拆完后再砌。一次择砌的长度不应超过 50 ~ 60 cm。若只择砌外（里）皮时，长度不要超过 1 m。

⑧局部拆砌：如酥碱、空鼓、鼓胀的范围大，经局部拆砌又可以排除危险的，可以采取这种方法。这种方法只适用于墙体的上部，或者说，经局部拆除后，上面不能再有砌体存在，如损坏的是下部，即为择砌，先将须拆砌的局部拆除，如有砖槎，应留坡槎，用水将旧槎洇湿，然后按原样重新砌好。

⑨拆砌：经检查鉴定为危险墙体，或外观损坏十分严重时，应拆除重砌。如拆砌后檐、拆砌槛墙。

⑩墩接柱子：中国古建筑以木结构为承重体系，所以当柱根糟朽时必须及时维修。在集中维修方法中，以砖墩接的方法最为安全、简便、经济。砖墩接的方法多用于山墙或后檐等部位的柱子，前檐明柱一般不用砖墩接。墩接前先将待修部分附近的砖墙掏开，以便操作。在正式操作前必须将梁架支顶好，用刀锯将木柱糟朽的部分截掉，清理干净后，用砖在木柱下砌成一个砖墩，与木柱接齐。砌砖墩所用的砂浆强度应较高，最好能用水泥砂浆。每层砖要经适当敲砸加压，砂浆的厚度不宜超过 1 cm。与木柱接触的一层必须

背实塞严。必要时可用木楔,里外各一块相对楔严。但不能用砂浆找平,砖墩的外侧要用灰抹平,与墙找齐。

3. 墙体抹灰修缮

①局部抹灰:墙面部分损坏,是次要墙体。先用大麻刀灰打底,然后用麻刀灰抹面(可以掺些水泥),趁灰未干时在上面铺上砖面,并用轧子赶轧出光。如果是大面积找补抹灰,可以刷浆,刷浆后赶轧出光。如需作假砖缝,可用平尺和竹片做成假缝子。

②找补抹灰:对于局部空鼓、脱落的灰皮,或室内新掏的洞口,可采用找补抹灰的方法。找补抹灰前应做好基层清理,打底时,接槎处应塞严。罩面时,接槎处应平顺,且不得开裂、起翘。补抹出的形状应尽量为矩形或正方形。

③铲抹:对于灰皮大部分空鼓、脱落的墙面多采用这种方法。基层灰应铲除干净,扫净浮土,洇湿墙面。砖缝凹进较多者,应先进行串缝处理。

④重新罩面:重新罩面即在原有的抹灰墙面上再抹一层灰。工匠中有句口头禅,叫作"灰上抹灰,驷马难追",形容灰干得较快,极不容易抹好。在抹灰之前,可在旧墙面上剁出许多小坑,这样可以加强新旧层的结合,不致空鼓。旧灰皮一定要用水洇湿。洇湿的程度以抹灰时不会造成干裂为宜,故必须反复泼水,直到闷透为止。墙面上有油污的,要用稀浆涂刷或用稀灰揉擦。被烟熏黄了的墙面,若抹白灰,可先用月白浆涂刷一遍,以避免泛黄,在旧灰上抹灰,容易出现的现象是干湿不均。因此抹灰时,要在干得快的地方随手刷上一遍水,轧活时,干得快的地方应先轧光。

⑤串缝:一般用于糙砖墙或碎砖墙。当灰缝风化脱落凹进砖内时,可用串缝的方法进行修缮。操作时用鸭嘴将掺灰泥或灰"喂"入缝内,然后反复按压平实。

⑥勾抹打点:用于灰缝及砖的棱角的修补,如台明石活的勾缝、砖檐的打点等。

⑦刷浆:刷浆是旧墙见新的一种临时性措施。根据墙面的不同,可分别刷月白浆、青浆、红土浆等。

4.墙体拆除注意事项

墙体在拆除之前应先检查柱根。看柱根有无糟朽，如有糟朽则应及时墩接维修，严禁先行拆除再墩接，然后检查木架榫卯是否牢固，特别应注意检查柁头是否糟朽，如有糟朽，要及时支顶加固。除屋架特别牢固外，一般要用杉篙将木架支顶好，尤其是在木架倾斜的情况下更应支顶牢固。拆除前应先切断电源，并对木装修等加以保护。拆除时应从上往下拆，禁止挖根推倒。凡是整砖整瓦一定要一块一块地细心拆卸，不得毁坏。拆卸后应按类存放。拆除时尽量不要扩大拆除范围。

择砌前应将墙体支顶好。择砌过程中如发现有松动的构件，必须及时支顶牢固。

（四）梁架

构件基本完好但构架整体歪闪，梁、枋、柱、檩条等随之游闪、滚动或脱榫，需进行打牮拨正（大木归安）。基本方法是先卸除荷载（如拆除屋面檩条以上部分，以及影响归正的门窗、墙体等），松开必要的榫卯，采用人工和机械的施工方法扶正相关构件。

当损坏程度较为严重无法简单维修利用时，采用落架拆除的办法。要求对原构件编号记录并妥善保存，留作样板，以便缺损时补配。

拆除有斗拱的大式建筑时，一般斗拱尽量不要拆散，按攒捆绑结实后，运到一旁进行修整。

（五）柱子

柱子是结构中的重要部件，易劈裂、糟朽、蚁蚀，应根据不同的情况作具体的处理。

柱心尚好且不影响结构的表面糟朽，宜采用挖补和包镶的办法。当局部糟朽的深度不超过柱径的 1/2 时，可用挖补的办法；当糟朽表面的周围一半以上的深度超过柱径 1/4 时，可采用包镶的办法。

有劈裂时，视缝的大小处理：小缝（0.5 cm 以内，包括自然裂缝）直接披腻，大缝（0.5～3 cm）需填补相应的木条，再大缝（裂缝超过 3 cm）时还需加铁箍。

遇有蚁蚀、柱心糟空时，可用化学材料如不饱和树脂填充加固。

遇有根部糟朽时，可用墩接的办法处理。墩接的长度一般不超过柱高1/3。一般明柱以 1/5 为限，暗柱以 1/3 为度。墩接的具体处理手法，有刻半墩接和齐头墩接两种，墩接后均需用铁箍紧固。刻半墩接时，其常用榫卯式样，有阴阳巴掌榫和莲花瓣榫（也称抄手榫）。常年处于潮湿环境的柱根糟朽，也可采用预制或现浇混凝土墩接，其标号一般为 C15。

当柱子实在不堪用时，采用抽换的方法，即所谓的偷梁换柱。

（六）构件

凡轻微的裂缝可用铁箍加固。大者，视程度可用木片或环氧树脂腻子填补后用铁箍夹牢。一般顺纹裂缝的深度和宽度不得大于构件直径的 1/4，裂缝的长度不得大于构件本身长度的 1/2，斜裂缝在矩形构件中不得裂过两个相邻的表面，在圆形构件中裂缝长度不得大于周长的 1/3。超过这些限度时可考虑更换构件。

梁头表面若有轻微糟朽时，可采用包镶的做法；损坏严重、影响承载能力时，应考虑更换大梁。

有弯垂时考虑用小柱或梁支顶的办法，也可在隐蔽的部位加斜撑。

构件拨榫、滚动时，需归正并作稳定处理。常采用扒钉（俗称扒柱子）将相邻构件拉紧加固的方法。

（七）屋顶

屋面层的椽子常常出现糟朽、劈裂、折断等现象，可根据其损毁数量和范围，采用局部加固或整体更换的方法。一般可用废旧的椽子长短更换，以长改短，如檐椽改脑椽，脑椽改花架椽等；必须新置椽子时，用纹理顺直的木料照原样复制。一般尽量用圆料制作。

（八）门窗

门窗中的个别构件损坏或残缺时，采用原尺寸补换的方法。边梃和抹头局部裂劈糟朽时应钉补牢固，凡损坏严重者按原样更换。

第六章　历史建筑的再生空间

一、城市空间发展状况

（一）我国城市空间的发展变化

随着经济的快速发展，城市用地和人口规模的快速扩张，我国的城市建设进入了一个前所未有的高峰期。在这一建设过程中，除了国家的发展规划外，各地区政府也都先后提出了针对各自城市的发展目标。在城市空间的营造上，从产业城市到休闲城市，从功能城市到文化城市、生态城市、花园城市，可谓是百家争鸣。从我国目前城市的发展趋势来看，主要有以下几个方面：

1.城市空间结构的转型

改革开放政策使中国逐步实现了由计划经济体制向市场经济体制的转变，而经济体制的根本变革改变了城市原有的运作机制，对城市的发展产生了深刻的影响，并导致作为经济活动载体的城市空间也随之发生了转型。经济体制改革使城市建设由过去单一的、政府控制下的有计划建设，转变为政府引导下的、由多元投资主体主导的市场行为。城市原有的那种带有浓厚计划经济色彩的"单位大院"——小而全的封闭式独立地块布局被打破，取而代之的是多元化的居住区、工业区、商务区、高新技术园区等市场经济的产物。同时，土地制度的改革改变了国有土地单一的行政划拨供给方式，地价成为调整城市布局的重要经济杠杆，城市空间结构也因此发生了重组。城市中心区发展成为重要的商业金融、公司总部的聚集地，中央商务区也开始形成。与此同时，那些低端零售业、工厂、低档住宅由于无法支付高地租而被挤出城市中心区。住房制度改革也导致了居住分异现象日益显著，高级居住区和廉价住宅区的空间区位日益不同。此外，户籍制度改革、福利制度改革等多种因素，都对城市空间结构的转型产生影响，推动了多元化的城市空间的形成。

2. 城市空间职能的转变

在市场经济、消费文化、人文精神回归等多因素的影响下，中国城市的主要职能正在发生转变。一方面，城市生产功能的统治性地位正在慢慢下降，而城市作为服务中心、管理中心和文化中心的作用正在逐步强化；另一方面，城市作为生产中心的功能虽然没有完全消失，但在具体内涵上也有所发展与改变，主要体现在生产技术方式的变革（传统生产功能向现代生产功能的转变）、生产要素构成的变化等方面。这种空间职能的转变导致了城市空间组织方式和区位选择要素的变化，中国传统的城市空间形态已经无法适应城市空间职能的根本性变化，建立在新的城市功能基础上的城市空间现象，如产业空间、商业空间、居住空间，以及为疏散原城市职能而形成的新城、卫星城，以不同于原有城市空间的形态、区位和尺度等特征不断出现，这些因素又反过来进一步影响了城市空间职能的转变速度和趋向。

3. 郊区化发展

目前，中国城市郊区化的现象日益明显，城市中的人口、产业、居住、商业乃至行政空间不断向郊外转移，或沿着交通干线轴向外迁移，或以主城为中心环形扩张，这种扩张使城市的环线交通过于拥挤，边际效应的递减规律使这种扩张带来城市空间使用效率的急剧下降。许多城市已经出现了这样的问题，新的开发区或者新城内空地面积广阔却行人稀少；大量的住宅、写字楼空置，大面积的闲置土地只能草草用绿化覆盖。

基于上述城市的发展趋势，城市空间相应出现了下述一些问题：

（1）空间功能与属性脱节

由于新开发、建设的土地在历史上往往没有非常成熟、稳定的空间格局可以借鉴，也没有形成明显的城市文脉。有些新建成的城市空间不是因为市民的需求而产生，而是纯粹的商业炒作、面子工程的产物。

（2）空间使用率偏低

随着新建城市空间越来越多，出现了城市空间的离散现象。城市新建城区内的空间出现点、线状分布，点与点、线与线之间是大面积的空白区，它们成为城市的消极地带，空间使用率普遍偏低。

（3）空间组织混乱

以前，城市空间的组织基本没有人为规划的干预，城市空间按照其自身规律进行组织。那时城市发展的速度也非常缓慢，因此城市空间仅依靠其自身规律发展就不会出现什么问题。改革开放后，城市建设速度明显加快，一方面依靠空间自身组织的速度已无法赶上城市经济、人口等方面发展的速度，必须借助人为干预；另一方面，人为干预的结果却并不理想，由于空间理论的发展滞后于城市空间的形成速度，城市空间出现选址不当、无序扩展、相互干扰等问题，尤其缺乏城市空间内部的协调，造成整体空间失衡、运行混乱的状态，这也成为当前城市发展的重大障碍。

因此，对于城市空间本身的研究并不能止步，还需要进一步考察如何将人为干预与空间的自组织规律相互协调起来，调理城市空间的内在关系，让各方面的干涉能够相互适应和协调。

（二）不可回避的建筑遗产

1.我国建筑遗产的现状

建筑遗产是历史文化的产物，在体现世界各城市的差异性方面具有无可替代的作用。自人类步入 21 世纪以来，世界各国对于建筑遗产价值的认知度越来越明确，对保护建筑遗产的关注度也越来越高。我国 1961 年公布的第一批全国重点文物保护单位为 180 处；1982 年公布的第二批全国重点文物保护单位为 62 处；1988 年第三批全国重点文物保护单位数量激增至 258处；1996 年和 2001 年又分别公布了 250 处和 518 处全国重点文物保护单位；2006 年公布的第六批全国重点文物保护单位 1080 处；2013 年第七批全国重点文物保护单位为 1944 处；2019 年第八批全国重点文物保护单位为 762 处。

2.建筑遗产所面临的问题

遗产保护的重要性日益被重视，这一好的趋势固然值得肯定，但是另一方面，城镇化的加速，经济建设的高速发展，给遗产保护也带来了相当大的冲击。国家文物局原局长单霁翔曾指出："当前，我们国家正处于一个特殊的历史阶段，一个反映就是城镇化加速进程，另一个就是大规模的城乡建设。当然，这样两个方面是相辅相成的，相互叠加在一起，就构成了今天对于文化遗产保护来说是一个最艰苦和最严峻的、最紧迫的历史阶段。"❶ 我们所面临的问题主要有以下几个方面：

其一，孤岛式的保护。将建筑遗产孤立于城市环境，认为所谓保护就是单纯的圈地运动，对建筑遗产"画地为牢"，为了保护而保护，把建筑遗产的保护与城市发展割裂开来、对立起来。这种行为看似将建筑遗产保护得最为彻底，但实质上最终会导致遗产的僵化和死亡，更不利于城市空间的完整与连续。不过随着保护观念的发展，这类封闭式保护方式已逐渐被淘汰。

其二，片面强调遗产形式的完整性与假古董的泛滥。"完整性"是遗产保护的重要原则之一，因此对这个原则的正确理解就非常关键。建筑遗产形式上的完整性固然是重要的，但是如果过分强调，就会导致"以假代真"的现象。尤其是一些打着文化的旗帜，纯粹以商业赢利为目的的复古项目，不仅不符合市场经济的规律，更违背了城市历史文化保护的初衷。

一个城市的建筑遗产固然值得尊重，但城市记忆不是僵硬的化石，而是一个连续不断的过程，为了凸显某一个空间所体现的特殊历史片段，盲目要求其他空间与之统一，而强行将其他城市空间进行复古，其实是对城市记忆的破坏，也是对历史的不尊重。这种盲从于遗产类建筑风格的做法，非但没有弥合遗产与城市之间的裂缝，反而使得遗产所影响的空间更加孤立于城市整体之外。建筑遗产对于城市的价值并不仅仅在于其形式上，我们应该更多地在空间上对其加以利用。

其三，高投入的开发与低回报。随着建筑遗产再利用观念的兴起，各地

---

❶　单霁翔.文化遗产让生活更美好."文化讲坛"第 12 期.人民网、人民日报总编室主办，2011-02.

方政府、民间都开始了对建筑遗产的开发行为。希望借助建筑遗产打造城市名片，投入大量人力、物力，但每一次投资并非获得理想回报。对于如何利用建筑遗产，将之作为城市的推动因素，在保护遗产的同时促进城市空间的可持续发展，并不是划定保护区、建设遗址公园那么简单，还需要进行更多的研究。

意大利建筑师卡洛·斯卡帕曾说："历史总是跟随并且在不断为了迈向未来而与现在争斗的现实中被创造；历史不是怀旧的记忆。"这句话阐明了历史的本质：第一，历史是通过人类面向未来的创造性行为而产生的；第二，人类面向未来的创造行为多少会与既成现实有冲突、有矛盾，而这些冲突与矛盾正是人类历史的价值所在；第三，历史不是一块停滞不前的化石，不是一张褪色的老照片，而是一个充满矛盾与变化的过程，历史与现在都是相对概念。一座城市的历史与现在，既不是一成不变的"标本"，也不是"任人改扮的小姑娘"，只有正确地认识到这一点，我们才能正确地对待包括建筑遗产在内的一切城市空间。

（三）建筑遗产空间

建筑遗产空间包括建筑遗产本体所占有的空间和受到建筑遗产本体直接影响的其他空间。所谓受到直接影响的空间，是指在视线上可以直接看到或者路线上可以直接到达的空间，也就是距建筑遗产本体所占有空间单元的拓扑距离为"0"的空间单元。因此，建筑遗产空间是指一种由多个空间单元所构成的空间组群，该组群以建筑遗产为核心，是受到建筑遗产影响最为明显的空间组群。

建筑遗产空间组群在整个城市空间体系中，往往有着特殊的视觉地位和空间特征，并且因其空间组群内部各空间单元之间关系的不同，而使得建筑遗产的影响范围和影响方式也有所不同。同时，这一空间组群也往往因建筑遗产本身的重要性，而在城市空间体系中具有较为显著的空间地位，它们对周边城市空间的影响作用也不容小觑。

（四）城市空间

在广义相对论之前，人们将空间更多地理解为一种固定不变的客观存在，这种客观存在与其内部发生的事件没有直接联系，而是相对孤立的。但随着广义相对论在各个学科领域发生影响之后，空间不再是一个孤立静止的客体，人们逐渐认识到它自身的主动性和原发性。在此基础上，城市规划与建筑学学科都衍生出新的空间认识论，并且对空间自身的演化规律和空间与实践的相互作用关系展开研究。

列斐伏尔认为，城市空间是意识形态的产物而且具有生产性。传统的规划学科将城市空间视为研究的客观对象，把空间视为文脉或精神的再现。而列斐伏尔则指出城市空间形式不是完全客观的，它不仅是各种历史与自然因素的产物，也是社会的产物、意识形态的产物，是由物质实践所组成的一种社会结构。因此对于城市空间的规划与设计不再是一种单纯的科学技术，而必然混杂着意识形态。列斐伏尔在《空间的生产》（*The Production of Space*）一书中论证了空间具有政治属性，还具备生产性。城市空间不仅仅是社会关系与活动的客观容器或者静止平台，还可以反作用于社会活动。

城市空间更多地被描述为"城市空间组群"，以强调其系统性和动态变化。"城市空间组群"中包含有大量更小的空间组群，它们是城市空间的子系统，建筑遗产空间组群就是其中之一。如果再细分，则所有的空间组群都由大量"空间单元"构成，每一个空间单元都是一个"凸空间"。

二、历史建筑与城市空间整合

（一）空间整合理论

1."空间整合"概念的源起

"空间整合"（Spatial Integration）一词源自经济学，最初用于欧盟经济共同体，表示通过市场的一体化达到经济提升。随后，"地域凝聚力"

（Territorial Cohesion）这一概念越来越多地出现在欧盟的各类文件中，"空间整合"也随之获得了空间维度的思考。在欧盟对于空间规划的七项指标中，"空间整合"被作为其中一项指标明确提出。1997年欧洲空间发展战略（ESDP）在荷兰诺德韦克首次发表其空间发展草案时，将"空间整合"描述如下："空间整合可以衡量经济与文化相互作用的机会和程度，以及在区域间或区域内部反映出其自发合作的程度，同时也可以表明，在不同地理条件下的交通连接水平。空间整合程度明确地被一些因素所影响，如区域中管理体系的效率、物理和功能性的互补以及文化和政策的冲突"。这一草案明确指出，"空间整合"是指区域与区域之间或者区域内部的机遇互动水平，它混合了两个方面，一是"机遇"，二是"水平"，涵盖了人口、经济、政治和社会环境的一切物理条件和制约因素。由此可见，"空间整合"的主要特征在于考察关系双方的"相互作用"与"合作程度"上。

"空间整合"的前提，在于区域之间的不平衡所带来的流动性。通常来说，这种流动性是不对称的，或者造成边界双方的差异增大和相互关系的日趋紧张，或者使空间趋于同一而使流动停止。例如当一方区域的人口明显高于另一区域，而两个区域的人居环境较为相似时，一方的人口就会流向另一方，当两个区域人口接近一致时，流动就会停止。边界双方的文化、经济等各项社会特征随着人口的流动而出现同一性，最终失去其原生的多样性。但是，如果人口密度高的区域，其人居环境明显优于另一区域，那么人口就会持续向密度高的区域流动，进而加剧两个区域的差异，最终有可能使得一个区域因为人口密度过高而导致空间环境的崩溃，另一区域则因人口大量流失也走向崩溃。因此，"空间整合"首先需要分析双方的差异性，以及信息流、能量流的流动特征。而整合的目的在于使这种流动性成为一种可持续的互动，即对空间差异性的维护，和对不可持续流动性所产生的匀质空间的对抗。以上面的例子来说，就是维护和发掘不同空间系统的不同特征，不让某一空间呈现出绝对的压倒性优势，而是使不同的空间系统具有各自不同的特性，从而促使人口分流，流向各自适宜的空间。这种流动不是单向的，而是交互的，并由此形成有机的空间系统。

随着对不同领域相互作用这一概念的发展，"空间整合"在社会和人文学科方面发挥出重要的作用。对于这些学科而言，"空间整合"所涉及的双方，已不再是地理概念，而是通过社会分析所得出的抽象空间概念。它可能是经济、文化和社会环境等多重领域的叠加，可以被解读和划分，但不一定是静止的空间概念。同样，能量流也不再局限于人口或者货币，而是指向更为广泛的领域，文化、艺术、思想、技术、生活方式等社会信息，都可以被视为能量流。而在这一层面上，整合的目标也进一步转化为对人类活动的多样性的维护，并建构更为稳定、可持续的人类社会体系。

2.区域规划中的"空间整合"

　　区域规划中的"空间整合"主要是指对区域空间结构的一种人为干预。空间结构是区域发展的重要基础，通过对空间结构的调控可以调整区域的发展状态。区域空间结构的形成源自区域内外的政治、社会、经济、文化等因素的综合作用，它一旦形成，就会在相当长的时间内保持稳定。这种状态可被称为是宏观的"结构惯性"（这种宏观的"结构惯性"实际上又可以拆解为"区位惯性"）。当区域内外的各项因素发生变化时，区域空间结构也会缓慢调整，逐渐形成新的空间结构，这就是空间"自组织"。尽管空间结构具有自组织能力，但是这种缓慢的转型，往往严重滞后于因素的变化，使得在相当长的一段时间内，空间结构阻碍了区域发展。因此，在某些条件下，人为的干预是必要的，可以加快空间结构的转型，使之迅速适应内外因素的变化。

　　区域空间整合包含两层含义：一是区域内部的系统结构优化，如区域城镇体系的调整、经济系统与生态系统的协调等；二是区域间的协调发展，如城市边缘区与中心区的协调，城市与城市之间的协调等。二者互为基础和目标，并相互影响。

　　区域空间整合的研究内容，包括系统分析区域客体间的空间相互作用所形成的空间集聚程度和集聚形态。其目标则是促成政治、经济、文化、人口、生态的网络一体化，顺应并加速空间"自组织"的进程，使之形成有机、可持续的区域空间结构。

3.城市设计层面的"空间整合"

　　"整合是基于发展的需要，通过对各种城市要素关联性的挖掘，利用各种功能相互作用的机制，积极地改变或调整城市构成要素之间的关系，以克服城市发展过程中形态构成要素分离的倾向，实现新的综合。"在城市层面的"空间整合"是将城市视为一个系统，研究其内外关系。就城市空间而言，它是城市巨系统下的一个子系统，对于城市空间的整合研究，其内涵在于对城市空间各要素的相互关系进行分析，对城市空间系统进行整理、重组，最终促成城市空间的连续性和完整性的过程。

　　城市发展到今天，持续不断的现代化创立了城市面貌，也同样使城市空间呈现动态、混乱的局面。不存在一种完全静止的城市空间结构，但在一定阶段内，在具体的特定条件下，城市空间系统应有怎样的内涵，各个空间要素拥有怎样的交互关系，则是可以分析和把握的。早期的功能主义对于城市历史性和多样性的漠视，导致了城市空间的同一和单调，以及场所精神的损坏。形式主义的城市设计，也无法有效指导城市空间复杂多变的因素关系。在有关城市空间形态的诸多研究中，新城市主义对当代城市的整合研究做出了极具启发性的探索，特别是在旧城区改造方面，提出了建设性的意见。它通过整合现代生活的诸多因素，如居住、购物、工作、休闲等，试图在更大范围内通过交通的联系，重构紧凑、便利、集约的混合型社区。

　　正如凯文·林奇所言，"城市设计的关键在于如何从空间安排上保证城市各种活动的交织"。空间整合不同于空间设计，它是在现有条件的基础上，对空间的要素进行调整，使之吻合自组织规律，并达到可持续的良性发展。

（二）城市空间问题的分析

1.空间活力不足

　　英国城市学家埃比尼泽·霍华德（Ebenezer Howard）在 19 世纪末创立了一套完整的城市规划思想——"花园城市"。这套思想的基本思路是将城市功能进行分类和分离，并以相对自我封闭的方式来安排这些用途。霍华德的思想在 20 世纪的美国产生了重要的影响，随后路易斯·芒福德（Lewis Mumford）、克拉伦斯·斯坦（Clarence Stein）等人进一步发展了这个思想。他们进一步将大城市非中心化，也就是进一步分解，将其中的一部分企业和人口疏散到新的城镇中去。在他们的规划中，街道或者其他公共空间对人们来说并不是一个好的场所，因此住宅应该背向街道，面向隔离绿化带。城市设计的基本要素并不是街道，而是街区，过多的街道是一种浪费。规划必须对街区内的居民和他们的所需有着准确的计算，住宅区内要尽量避免陌生人的出现，以营造出一种田园郊区般的隐秘感觉。非中心主义者们也强调了规划后的社区应该是一个自给自足的独立"王国"，每一处细节在一开始就要得到很好的控制。

霍华德认为，好的规划是一个静态的、事先预定好的行为和目标，必须能够预见到日后人们所需要的一切。从本质上来说，霍华德的规划思想有一种"家长式"的意味，他规划了所有他认为合理的生活，而对他不感兴趣的部分，例如互动的、多方位的文化生活和人们之间的各种交流——公共生活不予理睬，因为这些不是他认为需要的生活组成部分。霍华德的规划设计思想对美国的影响非常深远，也给美国城市带来了不少问题，公共空间的活力丧失就是其中最为明显的一个。

简·雅各布斯在《美国大城市的死与生》中对霍华德的"花园城市"进行了严厉的批判。她指出城市的发展方向不是对城市问题的逃避和对乡村的缅怀，城市应该有与乡村完全不同的生存特征。其中对于城市活力、对于公共空间都应有相当的重视。"一个每块石头背后都有一个故事的景观，很难再去创造新的故事。"而城市正是一个不断需要新故事的场所，公共空间持续不断的活力才能保证"故事"的不断发生。

人的行为活动必然需要一定的空间，那么将人的行为活动放在怎样的空间中，是一个非常重要的问题。影响城市空间活力的要素很多，人的活动本身、车辆的穿梭、事件的性质、季节的转变甚至植被的变化都参与其中，但最重要的还是人的活动与空间之间的适宜。并不是每一个经过设计的公共空间都能取得预期的效果，因为人们的心理会寻求适合于自己要求的环境，而

行为也趋向于发生在最能满足它要求的空间环境中，只有将活动安排在最符合其功能的场所内，才能创造出良好的城市空间。人的行为与空间的相互依存构成了城市设计的一个重要课题，二者能够相互适宜则事半功倍，反之则会使设计后的城市空间变成一处消极场所。从空间的角度出发，研究行为应该在怎样的空间中发生，可以从空间的角度解决行为与空间的矛盾，调节行为与空间的关系。对于这一问题的解决首先要弄清楚某些空间形成消极场所的原因。解决的思路是探究城市空间的深层关系，同时分析历史建筑空间在其中扮演了怎样的角色，并通过调整空间关系来使得城市空间具备被更多人探访的空间特性，从而解决城市空间活力不足的问题。

2. 空间认知困难

由于受到旧城环境及设施的制约，城市现在正以前所未有的速度向外延伸。在我国，城市延伸有三种典型的扩张模式：单中心块聚模式、主－次中心组团式模式、多中心网络式模式。

单中心块聚模式主要分为两种表现形式：一是集中式同心圆；二是轴线带状扩展模式。前者是以原有的主城区为核心，以同心圆式的环形道路与放射形道路作为基本骨架的"圈层式"分层扩展，俗称"摊大饼"式的扩展，这一扩张模式是我国城市空间增长的典型模式。后者是由交通沿线具有潜力的高经济性所决定的，或者城市可能受地形的限制，而在城市增长过程中主要沿着对外交通体系的主要轴线方向呈带状发展的模式。

主－次中心组团式模式主要有三种：一是跳跃式组团。它是一种不连续的城市扩展方式。这种模式的特点是：打破原有的圈层模式，用分散替代集中，培育和发展几个城市次中心，并结合它们各自原有的优势和特点制定其发展战略，实现城市地域功能结构的重组。二是卫星城模式。这种模式常与城市圈层划分及环形绿带控制同时实施。卫星城既分担中心城市的部分功能，又承担本地区的综合功能，与中心城市形成分工与协作的关系，从而构成功能更为强大的整体。三是开发区模式。它是依托现有城市，采用成片开发成新区形式的建设，主要类型有经济技术开发区、高新技术开发区、保税区、国家级旅游度假区等。

多中心网络式主要有两种形式：一是簇状城市（或称边缘新城）模式。这种模式的出现是由于随着卫星城公共服务设施、市政基础设施的完善和生态环境的改善，其城市职能更加丰富，竞争力越来越强，逐渐形成了边缘新城。二是城市带模式。城市带的出现是由于在地域上集中分布了若干中心城市积聚而成的庞大的、多核心、多层次的城市群。城市带是大都市的空间联合体，是城镇化发展到高级阶段的城市地域空间组织形式。

然而，不管是哪种城市模式的扩张，新城市区域的规划建造及商业中心不断兴起，都伴随着城市中新面貌的出现。在城市改造、道路扩建过程中，追求效率、便利性、经济性的结果，是使得城市间的差异变小，道路景观也趋向一致。城市景观的同一使得城市空间中的人们辨别能力减弱，方向及区位的判别准确性降低。由于中心地段的交通拥挤增加了人们出行的时间成本，使得外围的社区要绕着市中心外围修建环城道路，而市中心的人群对外围资源的寻找又生成了放射状的路线。根据寻路使用成本最低原则，新修建的道路会自然地连接原有的道路来减少修建长度。于是棋盘格路网、放射状路网的城市规模不断扩大，几何规划从一个城市的一个区域发展到另外一个区域。经过几何规划的城市，多少具有了分形现象，这样的道路体系再加上高架桥和大型盘道使得人们不能轻易走错，因为在一个路口走错就有可能差上十几千米，如果是步行则更要依赖于准确的判断。

人们对于城市空间整体的判断，只能来自视觉所能及的有限的空间局部，因此如何通过有限的空间局部来更准确、更快速地传达空间整体的信息就显得十分重要。对于城市，尤其是城市新建城区域内的迷路问题的解决，除了依赖先进的信息识别系统、导向标志和对城市景观的差异化塑造以外，充分利用空间关系本身的特性来传达更准确翔实的空间信息，无疑是一个相对省钱省力的途径。

3. 城市特色消失

当人们在谈论一座城市有无特色的时候，往往是将城市作为一个整体的系统来认识的。因此，城市特色不仅包括了城市的物质形态方面的特征，还涵盖了城市的社会文化、历史传统等精神层面的内容。它实际上包含了城市系统的方方面面。

　　城市自诞生之始就是一个复杂的巨系统，既具有自身的组织规律，也有着人为力量的干扰。人的因素始终参与其中，增加了城市发展过程的偶然性与不确定性。城市形态就是这两种力量相互交织影响下而发展形成的复杂结果。在过去，一方面，人们的活动很大程度上受到自然条件的极大限制，没有能力对自然的地形和气候条件进行太多的改变，人们的生活习惯、文化信仰、建设活动等更多的是采取利用和顺从的态度，所以其结果必然表现出很强的地域性特色。再加上交流不便，因此一个地区所形成的特征很难影响到其他地方，这也保护了特色的唯一性。另一方面，同样受到技术条件的制约，城市的形成经历了漫长的过程，在其间，自组织规律有着充分的调适时间来消化和吸收人为的干扰，并逐渐达成一种较为稳定的动态平衡。相对而言，人为力量的干扰是相对较为弱势和依附于自组织规律的。因此，城市特色一旦形成以后，也较难发生改变。

　　而现在，一方面技术工业对于自然力的超越和信息的大量流通，使得全球化、工业化成为我国当代城市发展的主要动力。其中，全球化造成城市面貌趋同已为人熟知，而工业化其实也具有同样的作用。因为工业生产的本质是规格化与机械化复制，当其技术、生产与管理模式作用于城市建设时，就令城市空间面貌更加易于趋同。传统城市是经过了长期的自组织发展，才形成了功能适宜、环境和谐的城市形态。而现代经济、科技的快速发展，新事物层出不穷，城市形态变化周期缩短，自组织适应的过程始终无法从容进行，因此来不及积淀形成自己的特色就随波逐流了。

　　不过，面对这样的现状，我们也未必全然束手无策。城市特色是人的社会实践活动作用于自然环境的结果，经过一定时间段的整合与累积而形成的。实践活动、自然环境及时间便是城市特色形成与发展的三大基本因素。自组织规律有它的运行时间，新的文化价值体系也需要一定的时间来形成，这些不是人力能够决定的。而自然环境是形成城市特色的基础与原料，对城市特色的形成与发展具有促进或制约作用。但它只有与人的社会实践活动发生关联与互动、符合人们生活需求与审美体验时，才可能成为城市特色的构成元素。所以，时间因素不能由我们改变，而自然环境并不是城市特色形成与发展的决定因素，我们能够改变和影响的只有实践活动。

解决城市空间特色消失这一问题的途径就是提高人在城市空间中的实践活动频率，增加有利于人的社会活动的城市空间，促进城市空间特色的形成，或者说提高城市空间特色形成的可能性。

4.城市记忆消亡

当阿尔多·罗西（Aldo Rossi）以荣格（Carl Gustav Jung）的"集体无意识"概念为基础，提出了"城市记忆"这一观点时，他将城市视为"集体记忆"的所在地，交织着历史与个人的回忆。当个体或集体的记忆被城市中的某个片段所触发时，过去的故事就会连同个人的记忆和秘密一同呈现出来，个人的城市记忆虽然各有不同，但是整体上却具有血源的相似性。因此，不同的人们对同一座城市的意象在本质上具有类似性。正是通过对这种"类似性"的研究，罗西从心理学角度提出了认知城市记忆和延续城市记忆的方法论，也就是"类型学"。他提出类型是人们生活的产物，而建筑形式是对这些生活方式的物质体现。之后，罗西又发展了场所概念，提出场所不仅仅是物质环境，而是既包括了物质真实，也包含了发生过的事件；场所不仅由空间位置决定，还由不断在这一空间内发生的事件所决定，而且每一个事件都包含了对过去的回忆和对未来的想象。这样，罗西将形式和场所、空间和时间有机地结合在一起，深刻地解释了城市既是一个自主独立的主体，也是人类生活的舞台，而对历史的记忆是城市不可或缺的组成部分。

柯林·罗在《拼贴城市》引用加塞特（José Ortega y Gasset）的话来说明历史对于人类的重要性，"简而言之，人没有本质；他所拥有的是……历史。换而言之：正如本质是属于事物的，历史、丰功伟绩是属于人类的。人类历史与'自然历史'唯一的根本区别是前者绝对不可能再来一遍……黑猩猩、猩猩与人类的区别不是在于所说的严格意义上的智慧，而是因为它们没有记忆力。每天清晨，这些可怜的动物必须面临几乎完全忘却它们前一天生活过的内容……同样，今天的老虎与六千年前的一样，它们每一只都如同没有任何先辈那样开始它们的生活……打断以往的延续，是对人类的一种贬低……"城市的历史不仅存在于物质环境中，也存在于城市记忆里。正是由于有城市记忆的存在，地域性或者说一个城市不同于其他城市的特性，才能

够被区分，一个城市才能够被识别。城市记忆的延续，确保了一座城市之所以是这一座，而不是其他任何一座城市的根本；确保了城市中某一区域不同于其他区域的根本。

市民对于一个城市的记忆往往是落实在具体的物质空间上的，而这种记忆并不是来源于对某个朝代、某个久已消逝的历史事件的文献记载，而是来源于一代代人具体而细微的生活，来源于自身的感知体验。因此，对于城市历史的复兴并不见得就等同于对城市记忆的延续。因为在所谓"复兴"的过程中，兴起的往往是文献记载和考古结论，消失的却是一代人对自己儿时，对父辈、祖辈的生活记忆。一味地追求历史，虽然迎合了一般游客"吊古"的心理，却恰恰切断了市民对一座城市的连续的记忆。这种记忆的丧失，最终会导致市民对自己所居住的城市产生疏离感和对游客的排斥心理，更加不利于城市空间的发展。除了不宜轻易搞"复兴"之外，对于城市记忆的延续，还有赖于对城市空间的物质形态本身的保留。城市的形态代表着一个城市的成长与演变，城市的生长也像人一样保留着童年与少年每一阶段的回忆，具有漫长历史的城市，其空间形态往往表现为各个历史时期的并置，并因此在承载城市记忆方面起到了极大的作用。

如何通过延续城市形态来保护城市记忆，并提高城市空间的活力、提高城市空间的可识别性、增强城市特色和提高城市空间的安全度，就成为城市空间整合的综合目标。

（三）历史建筑的价值与作用

1.使用价值

历史建筑的使用价值是指其物质使用功能、资源价值与经济价值。一方面，从环境经济学的角度来看，对旧建筑的盲目拆除是对能源的巨大浪费，若以能耗程度来衡量，整治某些旧建筑要比完全新建建筑的代价相对低廉，历史建筑再利用可以缓解能源紧缺的趋势，减少城市建设过程中对能源和材料的需求，提高资源整合度。

另一方面，历史建筑可以为城市增添新的活力。如果再利用的方式得当，历史建筑可以使其所在空间形成新的场所。与历史上已经消失的场所不同，新的场所可以直接与当下的城市生活对话，与新建筑一起形成市民的活动空间，与城市的发展与演变再次接轨。历史建筑通过其使用价值的体现，不仅可以令自身"活化"，也可以促进城市的复苏和区域精神的振兴。

2. 艺术价值

历史本身有着美学的内在价值，历史建筑拥有艺术价值是因为它们有着美的、古老的特征。与现代建筑和后现代建筑相比，历史建筑的形式更多来自"场所"的需要，而不是"功能"的需要。从古典美学的视角来看，它们比现代建筑和后现代建筑都更具备审美价值。历史建筑所具有的独特品质，令人们回想起那些技艺精湛并且拥有个性魅力的时代。而这些特性，在工业化生产之后烟消云散了。与机器制造的产品相比，人们对那些残留着手工痕迹，并且注定会被磨损风化的材料有着本能的亲近和欣赏。莎伦·佐金（Sharon Zukin）在《阁楼生活》❶中指出，现代主义在物质方面的舒适感和安全性的获得建立在廉价的产品上，是以个性丧失为代价的。而老城市展示了人的尺度、个性化、相互关怀、手工技艺、美轮美奂的多样性，这些特性在由机器制造的、现代造型的城市中非常匮乏，后者只有单调重复及尺度巨大的特征。

历史建筑除了通过自身使人们获得审美体验之外，还可以与新建筑并置在一起从而使场所获得美感。不同时期、不同风格的建筑形成的对比，会产生积极的多样性，建筑的多样性也可以对城市环境的多样性做出贡献。城市完全可以利用这种多样性来避免单一风格的建筑所产生的垄断和单调，而又比刻意追求多样性而进行风格模仿与抄袭更为自然和易于接受。因此，即使是那些一般的、非纪念性的历史建筑，比如老的民居或者办公楼，也会由于它们对城市景观的美学多样性做出的贡献，而体现出艺术价值。

从时间与空间的角度来看历史建筑的艺术价值，我们会发现它们具有不

---

❶ *Loft Living*：*Culture and Capital in Urban Change*，作者莎伦·佐金是纽约城市大学布鲁克林学院社会学教授，主要研究当代都市生活文化、经济等领域。

同的美学价值和表现形式。人们不可能以超时空的美学标准来评判建筑，也不可能先验地预设它们的美学意义和价值。我们不可能笼统地断言所有的建筑具有怎样的艺术价值，而只能说在此时此地的某一个建筑具有怎样独特的美学意义或者艺术价值。以这样的态度来观察历史建筑时，需要谨慎地对待历史建筑在历史演变过程中所发生的种种变化，以及它与其所在的历史、文化、地域的关系。也就是说，当我们对待不同形式、不同地域、不同时间的历史建筑时，所持有的审美准则和态度、方法也应该存有一定的差别。

3. 情感价值与历史价值

历史价值也可称为历史信息价值，是一种有形的非使用价值，与当下的城市活动无关。它包含了历史建筑在考古学、文献学、材料学、人类学、规划学、建筑学等方面的可供研究的所有历史信息，关注的是这些信息的真实性。对于此价值的维护和体现，要杜绝任何造假和有可能篡改历史信息的行为。对于任何添加在遗产上的部分都必须易于和原貌相区别，所有的措施都应该是可逆的，也就是可以撤销拆除的，不会给历史建筑的本体带来任何影响。

历史价值虽然不能和现在的城市生活直接发生关系，但是却为人们在以后更好地解读历史建筑提供可能性，也是使人们了解自己从何而来的基本保障。

情感价值是与城市记忆相关的人们对于老建筑所共有的情感投射。情感价值不一定只存在于纪念物上，而是存在于和人们的生活发生过关系的任何一件历史建筑上。它体现了人们对历史环境的情感认同、心理延续、责任感、精神象征以及宗教情感等。情感价值与人类的集体无意识相关，使得空间具有了民族性、宗教性、文化性，使得空间得以成为场所。

情感价值也是一种无形的价值，但却可以与当下的城市生活发生关系。人们对建筑的情感不是坚定不变的，而是会随着社会的变革、观念的转换发生变化，也会因为人所处的社会地位的不同而不同。尽管情感本身可能不一样，但无论对于纪念性的建筑，还是对于一般性的建筑物来说，情感价值都会存在，因为它标志着一种文化记忆的连续性，对于建立人们的文化认同感和场所归属感具有重要的意义。情感价值会帮助人们寻找历史建筑的当代存在意义。

4. 历史建筑对城市空间的作用

①历史建筑通常会在两种情况下被保留下来：一是完全失去了和人的联系，处在自然状态中又幸而未被风化侵蚀，因为没有被人为拆毁而得以保存；二是始终为人所用，不断产生新功能，因而不断地被维护而保留下来。前一种情况，经常见于未被城镇化的乡村、山林等地，而后一种情况则经常发生在城市里。就后者来说，此类历史建筑因为被持续地保护和使用，它的地位也逐渐地被提升。在城市中，这样的历史建筑或者本身占有较大空间面积，或者逐渐形成道路、景观节点，或者依托历史建筑本体在周边修建了较为开敞的广场、绿地、公园等城市公共空间，从而获得了较大的吸引力。就大多数城市中的历史建筑来说，尤其是那些享有一定知名度的历史建筑，在城市空间发展演化的过程中，其周边往往逐渐形成了能够聚集人流的场所，这些场所即便尚未形成活力较大的城市空间，也具备了这样的潜力。

不同于普通的城市建筑，历史建筑往往在立面和所处位置上更能吸引行人的注意力。加上人们现在已经开始有意识地保护历史建筑，不在它们的周边建造过多遮挡或者影响其视觉效果的建筑。因此，相对而言，历史建筑能够在空间上获得更大的自由度，无论是横向上还是竖向上都占有一定的范围不被其他构筑物干扰。这样一来，历史建筑的周边往往会形成开放空间，而开放空间的出现就为城市空间活力的提升创造了物质空间基础。

②某些历史建筑从诞生至今，就一直受到城市居民的重视，因而它们往往本身就落成在城市非常重要的交通节点上，如各地的钟楼、鼓楼。或者，在城市空间发展的过程中，人们自发地在它们的周边发展出较为重要的城市空间，如城隍庙、教堂、塔楼等，这些历史建筑就成了城市的地理坐标。通常来说，这类建筑往往比较高大，人们在很远处就可以看到，或者位于几条重要街道的交汇处，因此，人们只要一看到它们就很容易定位自己在城市中的位置。

此外，即便某些历史建筑在一开始并未受到人们的关注，但是随着时间

的流逝，却逐渐被人们接受和喜爱，而逐渐成为城市的新坐标。这一类历史建筑通常都经历了整修或者改扩建，使它们与重要的道路或者视线通廊有所联系。在城市对外扩张的过程中，这类历史建筑的数量明显增多。一方面，城市的新建区必然会吞并原有的郊区、乡村土地，连带其中的历史建筑用地；另一方面，新建区往往没有可遵循的空间历史格局和路网关系，也需要历史建筑来形成城市文脉。因此，人们在建设新城区时，就自然会利用历史建筑形成地理坐标，以方便定位。

③城市特色的形成最重要的在于人的实践活动，这无疑需要我们为这些活动创造聚集、相互吸引和影响的空间。历史建筑本身具有一定的艺术特色，在久居城市的市民情感中也占有一席之地，其影响对于居住在其周边的居民来说更是不可忽视。如果能够将历史建筑空间调整得更容易聚集周边居民，并且不大容易被其他地区的活动所影响，那么这对于形成本地区特色来说，将是非常有利的。

事实上，某些历史建筑空间本身就具备了这样的潜在优势。一方面在历史建筑周边形成的公共空间可以容纳市民的活动，另一方面历史建筑的留存对周边居民的心理产生了一定的影响，这一影响形成一种共同的地域意识，当这种意识强化到一定程度时，就会以历史建筑为核心形成心理上的"社区"。当相对稳定的"社区"形成后，就比较容易塑造出内在的特色，而不会轻易被外来的干扰同化了。因此，如果能够调整好历史建筑空间与其他城市空间的关系，是可以达到为城市特色的塑造提供空间平台的目标的。

④历史建筑空间的有效利用还可以提升城市空间的安全度。一方面，被有效利用的历史建筑可以吸引人流，确保街道、广场等公共空间始终有人在使用，提高了人群的监视作用。另一方面，随着人流汇聚，历史建筑空间内越来越丰富的活动，也能够吸引人们的注意力，预防发生在公共空间内的反社会行为。当在历史建筑的影响下形成相对稳定的"社区"后，社区内居民的公共意识和责任心都会自然形成，从而提高社会监督能力，以降低犯罪的发生。

⑤就延续城市记忆来说，历史建筑也可以起到非常积极的作用。历史建筑本身的存在有利于城市坐标的维系，实际上，正是由于历史建筑本身历史

久远并且具有重要地位，它们才成为遗产，并具备了成为城市地理坐标的必需条件。如果所有的历史建筑，都可以有效地成为城市中的地理坐标，那无疑会对城市道路网的维持起到重要的作用，而城市道路网的维系也会有助于城市空间形态的延续，从而保护城市记忆。同时，由于历史建筑空间会与遗产本身一起被保存下来，这样也会对城市空间形态的保存起到促进的作用。一个城市中历史建筑空间被保存得越多，就意味着被保留下来的局部空间形态越多，那么城市总体的空间形态也就不会受到太大的改变，这对城市记忆的延续无疑也是非常重要的。

在一个城市里，如果历史建筑相对比较密集，那么历史建筑空间之间相互联系，就会形成一个位于城市空间巨系统下的开放空间网络。这个网络不仅可以有效地提升城市空间巨系统的空间活力，还可以在该系统内部形成有效的定位坐标系以及类似于"街道眼"的社会监督体系。同时，由历史建筑形成的空间子系统还很有可能成为城市特色的主要空间载体，酝酿城市特色的形成。此外，这一开放空间子系统，还有助于保留城市空间形态的重要脉络和节点，从而成为延续城市记忆的主体部分。与其将历史建筑空间闲置，任其零散地占据城市空间的各个部分，倒不如充分开发其价值与功能。因此，通过有效利用和调节历史建筑空间来提升城市空间是非常具有可行性的，而对于那些历史建筑密度较大的历史古城，这一举措更是必不可少。

（四）利用历史建筑进行城市空间整合

1.整合的目标

对城市空间进行整合的大目标自然是解决前面所讲的城市问题，即提高城市活力；减少空间认知的困扰；增加城市特色产生的可能性；提高城市安全度以及延续城市记忆。而这一大目标可以拆分为两个小目标：

一是在静态关系上使历史建筑空间能够提高周边城市空间的整合度及相关因子；二是在动态关系上，二者形成可持续的良性互动关系，历史建筑空间组群成为城市空间系统下的一个有利的子系统。

前者的实现，保证了历史建筑空间在当下可以起到优化城市空间的作

用，而后者的达成则进一步保证了城市空间在未来的发展中继续从历史建筑中获益。

而对于历史建筑来说，之所以要利用它们进行城市空间整合，也是为了能够更好地使历史建筑参与到城市生活中去，成为城市空间巨系统内的一个有机组成部分，因此延续历史建筑的"生命"也是空间整合的另一个目标，只不过这一目标的达成是在空间整合后自然实现的。

2.整合的原则

在整合过程中，第一应该注意的是不能令这几项目标的达成方式相互干扰，例如在追求空间活力的时候，削弱了空间的安全性；或者在提高空间识别度时，影响了空间记忆的延续，因此要同时达成上述目标需要有系统化的指导思想。不是将上述目标作为一个个孤立的单项，而是综合考虑后，同时进行优化，从而真正达到整合的目的。因此，采用系统化的思想是进行整合的第一个原则。

第二，坚持正确的城市空间发展方向，拒绝"摊大饼"和"大拆大建"。空间整合的对象当然是城市空间本身，如果对城市空间本身进行大拆大建，显然不符合整合的本意，既浪费资源，也失去了整合的意义。

第三，在前两项的基础上，将重点放到调整空间关系上，尽量减小对空间形态的改变是整合的第三个原则。保护空间形态，可以确保城市记忆载体的延续和历史建筑本体的保存，因此，在进行空间整合前，需要寻找一条不以破坏城市空间形态为代价的整合途径。

三、基于信息化历史建筑空间的表达

（一）信息化的表达方式

人们体验历史地段的建筑产生的总体感受往往并不在于历史建筑的内部空间，而是更多取决于它的立面与外部环境的整体氛围。

尼科斯·萨林加罗斯从成功的城市空间产生的过程，总结出以下三个公理：

①城市空间由显示明确信息的表面界定。

②空间信息领域决定了道路和活动场所的联系网络。

③城市空间的核心是让行人活动空间受到保护，且不受汽车交通的干扰。

这表明了建筑表皮，即立面形状、结构细节和材料应用规则是信息传递的载体。

萨林加罗斯曾说，建筑信息的复杂性和组织性对人们的精神状态精神十分重要（Salingaros，1997）。在某种程度上，处于历史地段的建筑在内部空间的利用与对外部空间（主要为外界面）传达的信息具有同等地位。

西扎在西西里岛的 Salemi 修复的圣母教堂给予相近的启示。教堂因地震而毁坏，西扎设想把它的建筑平面及结构清理干净，作为一个广场使用，而建筑的内部空间变成外部立面，教堂的内部信息转化为建筑的形象（图6-1）。

当我们对一个环境进行体验的时候，主要是基于视觉获得的。视觉是信息传递的一种重要方式。而建筑的视觉信息主要依赖于建筑立面获得。在信息传递方面，外部立面比内部空间所传递的信息更为直接，易于接受。

图 6-1　圣母教堂

图 片 来 源：*Domus*

1999 ARCHITECTURE

1.信息的可访问性

　　建筑的信息通过视觉来接受，建筑信息通过建立起形式、材料、结构与具体地域、人文及意涵的关系来达到传递信息的效果。人们通过视觉得到建筑的传递信息。我们衡量一个建筑是否被认识，主要通过它传达的信息是否被接受。例如，文脉主义建筑一般通过它的形式与材料表达出地域文脉、人文精神及历史信息；解构主义建筑运用相贯、偏心、反转、回转等手法，形成具有不安定且富有运动感的形态，表达的是不稳定情绪；有机建筑通过材料有机或者与自然相似的形态来传递自然有机的含义。

　　另外，如果历史建筑没有足够信息，或者新建筑的新信息过量导致历史氛围无法维持，就会让人感觉新旧建筑缺乏默契。历史建筑携带的信息种类很多，人们若想理解它就要接收多种信息。不同背景的人有不同的接收层次，所以对信息相异性必须控制在一个度，这个度能让各种背景的人都具有一定接受能力，最终保证历史建筑的信息能使不同的人都能接收。

　　如阿尔托设计的纽约世界博览会芬兰馆。木材传递了芬兰是一个盛产木材的国家的信息，而波浪形的墙体可唤起人们芬兰对极光现象的记忆（图6-2）。阿尔托本人倾注的是一种"自然再现"的理念，在出现"生态"这一概念之前，阿尔托的设计理念，早已渗透生态建筑的基本精神。1940年，他曾写道："建筑师所创造的世界应该是一个和谐的、尝试用线把生活的过去和将来编织在一起的世界。而用来编织的最基本的经纬，就是人纷繁的情感之线与包括在内的自然之线。"

图 6-2　阿尔托设计的纽约世界博览会芬兰馆

图片来源：*Arquitectonics*

芬兰馆是具象的表达，而世博馆是抽象的代表。由于一个建筑的信息很多，所以不能完全被人认识是正常的。但是如果新建筑的表情所表达的信息全被深深埋藏在不可知的层次上，让人觉得理解艰辛，建筑就不能表达出它的意图。因此，建筑应该将部分信息控制在人们接受的范围内。

举例来说，历史的信息会通过破旧的形式或材料来表达，而且传统的制作工艺与用材能表达出人文精神或者场所精神，这在历史建筑上表现得非常明显。

现代新建筑的建材与建筑结构有异于历史建筑的时期，材料与形式间的差别造成新旧建筑传递的材料结构信息不同。这对历史建筑的信息传递是不利的，但这些不同信息在对比中又有不同的意义了。所以，恰当地控制建筑信息的传播需要通过形式与材料，建筑的空间秩序，更需要对建筑的意义的理解。只有这样，才能达到历史建筑信息的可访问效果。

建筑信息的访问会因为相反信息的介入而得到明确的指示。这不仅能凸显历史建筑的信息，而且有可能产生新的意象。

2. 艺术信息

艺术具有相异性特征，比如，在"再现"（representation）和"表现"（expression）被公认为两种基本的艺术手法的艺术界，至少有四种风格可供选择：再现表现主义、再现非表现主义、非再现表现主义、非再现非表现主义。在新旧建筑中以"再现"和"表现"历史建筑实现融合统一。"写意"的对比方式将结合艺术相异性原则，衍生出一种基于现代艺术所引导的新方式，并以其对新建筑与历史建筑的融合进行新的解读。

而在艺术绘画领域，可分为具象绘画和抽象绘画。在艺术领域，抽象艺术又可概括为几何抽象与抒情抽象。在建筑表现上，重复历史建筑的样式，能从中体验到具象历史信息的手法为再现，传递历史信息；在历史建筑秩序基础上简练处理建筑，能从中概括出历史建筑的形式的抽象为几何抽象，也是传递历史信息的；历史建筑表达的地区文化特征的高度抽象，则是从意象方面传递地区建筑文化或人文文化的信息，为抒情抽象。例如，建筑历史中，古典复兴类比为具象绘画，典雅主义类比为几何抽象，后现代主义类比为抒情抽象。

3. 风格信息

从现代主义的出现到多元化的建筑风格流派发展，建筑的面貌发生了翻天覆地的变化，新旧建筑间的跨度似乎变得更大了。20 世纪 20 年代兴起了现代建筑，它既反对折中主义，又不同于 20 世纪欧洲"新艺术运动"时期的某些新建筑流派。它的指导思想是要使当代建筑表现工业化时代的精神。

70 年代英国出版了查尔斯·詹克斯的著作《后现代建筑语言》，这本著作是对"现代建筑"的宣言书，指出现代建筑学派片面强调纯净的建筑语言已陷入绝境，建筑受到了虚假的功能主义的束缚。此事件引起了不少人对现代建筑发生了怀疑，有的试图加以修正，有的则认为必须对现代建筑彻底批判而另树旗帜。新建筑学派自然就犹如雨后春笋，到处迸发。

西方现代建筑思潮的总趋势是朝多元论方向发展，现代主义单一纯净的风格受到了严重的冲击。所谓多元论，在建筑领域中指的是风格与形式的多样化，这种趋向的目的是获得建筑与环境的个性及明显的地区性特征。

路易斯·康和勒·柯布西耶算是探讨多元论的创始人物。康的建筑风格从不固定，表现出不断探新的精神，是美国的一位杰出建筑家。他主张："精神和愿望是以某种手法存在于建筑空间的特性之中的。"

4. 视觉信息

格式塔心理学的组织原则即所谓想象组织规律，可归纳为：图形与背景原则、接近原则、相似原则、连续原则与完形倾向。阿恩海姆在《建筑形式的动态》中借助于格式塔的视知觉理论，运用心理力的概念分析建筑形式中有关相引相斥、均衡、轻重、秩序。在《建筑体验》中，丹麦建筑师拉斯姆森以"图形"与"背景"的概念分析建筑与城市空间。下文中部分引用到的芦原义信所著的《建筑美学》中运用格式塔心理学原理分析建筑、街道和广场空间的关系，并指导建筑实践。

①图形与背景原则。视觉感知的事物"突出"成为前景即图形，视觉未能同时感知的事物"退后"成为背景即图底。但知觉中的对象和背景是相对的，可以变换的。

②接近原则。关于成组的刺激物的知觉经验原则，将相似的刺激物按照彼此接近的关系将其分组。也就是阿恩海姆的相引与张力。

③相似原则。相似的、类同的形象容易组合得完整，类同因素的存在能够弱化视觉反应引起的紧张心理。并可因大小、形状、方向、材料、颜色等物理属性上形似而具有整体感。

④连续原则。连续性原理涉及的是某种视觉对象的内在连贯性。以特定对象的延伸性赋予其他元素以一定的秩序感。

⑤完形倾向。也可称完整倾向，是知觉印象随环境情况而呈现可能有的最完善形式并将复杂形态简单化。

（二）历史建筑的可持续性

1.技术变革

历史建筑由于历史的原因而普遍存在着能耗高、效率低的现象。建筑在改造和扩建或者新建时应对此进行修正，以弥补不足。20世纪末大力提倡建筑可持续性成为新技术应用的推动力，后又提出了生态建筑和绿色建筑的口号甚至是零能耗建筑，将建筑置于更高的社会责任层面。诺曼·福斯特所设计的柏林国会大厦重建工程，玻璃穹顶不仅标志着国会大厦的重生，更走在可持续建筑的时代前列。曾让人争议一时的穹形圆顶成为捕抓光的容器，塑造出一种神圣、脱俗的室内空间氛围（图6-3）。改造过程中应用的各种生态技术使整个大厦设备的二氧化碳排放量减少了94%。

图 6-3 德国柏林国会大厦

图片来源：《诺曼·福特斯的作品与思想》

可持续性的建筑不仅仅是对新型技术的利用，建造工期得以缩短，能耗降低，建材的预制装配也将材料的损耗降到最小。而且，预制装配使建材可以使建筑在拆除后实现回收利用。结合了节能措施的建筑形式也已经得到广泛的应用，如安装太阳能面板建筑，使光能转化结合建筑的立面来实现。各种生态技术的应用一方面节约了能源，又能产生能源。屋顶种植技术的更新换代使其能于屋顶种植作物，创造经济效益。这些都成为新建筑所兼具的新功能。

　　如果说 19 世纪末 20 世纪初工业技术的迅猛发展促成了建筑的革命，现代建筑得以应运而生，并蓬勃发展了一个世纪，那么今天，种种迹象表明，历史正在另一个层面上展开一个全新的循环：计算机技术的突飞猛进正在建筑设计、制造和建造领域中掀起又一场革命。

　　我们正置身于这场伟大变革的开端，其未来发展的深度和广度远非我们目前所能全然把握，在此仅试图梳理一些日渐清晰的脉络。回顾以往，技术的进步使得建筑材料的可使用性大大增多，方便的交通运输也使各种材料和技术人员得到有效的流通，各种建筑手法技术运用通过各种信息的渠道得到。同时，新型材料在运用上存在着自身的优势：效率性、经济性、同质性、易用性、可靠性、普适性等，这都影响建筑的外观实现。

　　欧洲建筑从厚重的砖石结构中解放出来，发展出钢筋混凝土以及钢框架结构、梁柱结构时，现代建筑的舞台正式拉开序幕。新构筑方式的建筑摆脱了长期重力结构制约而表现得自由而灵活。新旧建筑也因此在表现上拉开了距离。墙体从承重构件变成分隔空间的元素，甚至成为与结构脱离的幕墙，表现光滑轻巧、可变动折叠。

2. 新型材料

　　建筑史上，人类应用的建筑材料从自然的过渡到非自然的，而且各种材料每天都在更新，每种材料都有自己的优点，如更耐用、更轻便、易生产等等。数千年来建筑所用材料也不外是土、木、砖、瓦、灰、砂、石等天然的或手工制备的材料。产业革命以后，铸铁作为第一样人工材料用于房屋结构上，实现了大跨度公共建筑、城市设施。19 世纪整个建筑史都离不开铸铁的应用。20世纪出现了钢筋混凝土，它兼具刚性、柔性和良好的耐火性能。当代钢和水泥的熟练应用使建筑出现飞跃，彻底改变人类的生存环境。新材料除了力学性能的提高外，表现力也有了长足发展。

以玻璃为例来说，玻璃的多种特性中以透光性为最明显特征，自从大面玻璃制作成功后，现代主义建筑终于摆脱了围护结构对开口的限制。密斯的玻璃大厦本无窗，但通体为窗。密斯曾为玻璃的诞生而疯狂，玻璃办公楼的设计就是表现玻璃各种特性的经典（图6-4），他说他担心玻璃将反射太多的光，所以他设了个开口，以得到各个方面的视觉效果。透明性玻璃使建筑室内外可融为一体。当夜幕降临时，所有光芒都只属于玻璃，而历史建筑大部分都是日落而息的。这样就产生了新旧建筑时差性表现。

图6-4 密斯设计的玻璃大厦

图片来源：*Mies Van Der Rohe*

玻璃可以具有反射的特性。玻璃用于历史建筑旁边而作为历史建筑的相对物，实现围护功能同时反射历史建筑，这对历史建筑无所损害，反而得到两座历史建筑。

这就使历史建筑本身的信息量得到放大，人因视觉移动而得到更多有趣观察视角，得到更多的历史建筑的体验。非透明性的另一个普适性的重要原因存在于历史建筑本身的结构秩序中。对称是古今中外大部分历史建筑的特点，以反射对称来体现对称上的呼应，新旧建筑可得以融合。玻璃还有轻盈性、可曲面化、半透明性以及其他物理特性和优越性等。

3. 新工艺

　　各种新材料的应用促成了不同的施工技艺的发展，核心技术支持还是在于计算机的运用。CAM（计算机辅助制造）技术便保证了这种连续性从设计过程一直延伸到建筑的修建过程。理论上，不管建筑构件有多复杂，依靠计算机数字化信息的精确描绘都可解决，当今制造业中层出不穷的数字化控制制造设备（如数控铣磨、切割、冲压、弯曲设备）可以保证将计算机图形和数字信息精确地转化为物质化的建筑构件。精确预制好的建筑构件被运往施工现场，在激光定位器和测量设备甚至全球卫星定位技术的辅助下，其现场拼装误差通常不会超过毫米的计量单位。盖里事务所在德国柏林的 DZ 银行大楼（DZ Bank Building，1995—2001）的内庭院中有一个形状酷似马头的会议室，正是利用 CAM 精确预制并拼装而成的（图 6-5）。

　　非线性建筑将在复杂科学的引导下，成为下一个千年一场的重要建筑运动——查尔斯·詹克斯特异性的建筑在整体上体现的是惊异与不可具象性，故其形象难以理解。这些建筑很大程度上是非线性的。非线性构形与非直线几何参数化的建筑的轮廓都是模糊的，这都得益于电脑技术的发展。自从应用了电脑技术后，艾森曼对于解构建筑有了更深的理解，想象力得到充分发挥，然后才有了加州如蛇体般形象的体育馆。而盖里（Gehry）、里博斯金（Libeskind）、扎哈（Zaha）和卡拉特拉瓦（Calatrava）等，利用这些构形上的技术进步，将建筑与雕塑、绘画的距离拉近了一大步。基本上，即使再复杂的形态，由计算机的无限计算细分到最细结构，再根据激光的定位，非线性构形和复杂参数化建筑是完全可以实现的，而得到的建筑轮廓也变得模糊，安东尼·卡罗把它们称为"建筑雕塑"，在形式上表现得极为浪漫。

　　毕尔巴鄂古根海姆博物馆在 1997 年正式落成启用，它是工业城毕尔巴鄂整个都市更新计划中的毕尔巴鄂古根海姆博物馆一环。当初斥资一亿美金动工兴建，整个结构体是由加州建筑师盖里（Frank O. Gehry），借助一套电脑软件逐步设计而成的（图6-6）。

图 6-5　DZ 银行大楼马头造型的
　　　　会议室

图 6-6　西班牙毕尔巴鄂古根海姆博物馆

图片来源：*El Croquis 117 - Frank Gehry*

参考文献

［1］ 陈雳．欧洲历史建筑材料及修复 [M]．南京：东南大学出版社，2017.

［2］ 戴仕炳，陆地，张鹏．历史建筑保护及其技术 [M]．上海：同济大学出版社，2015.

［3］ 杨宇峤．历史建筑场所的重生：论历史建筑"再利用"的场所构建 [M]．西安：西北工业大学出版社，2015.

［4］ 侯学妹．工业建筑遗产的保护与再利用设计研究 [D]．青岛：青岛理工大学，2019.

［5］ 李净尘．北京老城第三批历史文化街区地理色彩研究 [D]．北京：北京建筑大学，2019.

［6］ 柳思维．优化我国流通产业空间结构促进消费潜力释放的思考 [J]．湖南社会科学，2019（3）：90—95.

［7］ 金高洁．产业结构升级与区域商贸流通产业优化路径分析 [J]．生产力研究，2019（4）：114—118.

［8］ 王艳琳．历史建筑的改建与再利用研究 [D]．吉林：吉林大学，2019.

［9］ 赵艳艳．沙溪古镇传统民居改造型民俗客栈设计研究 [D]．大连：大连理工大学，2018.

［10］ 苏男．历史文化名镇保护规划实施评估的优化研究与甪直应用 [D]．苏州：苏州科技大学，2018.

［11］ 苑娜．历史建筑保护及修复概论 [M]．北京：中国建筑工业出版社，2017.

［12］ 李和平，肖竞．城市历史文化资源保护与利用 [M]．北京：科学出版社，2014.

［13］ 蔡晴．基于地域的文化景观保护研究 [M]．南京：东南大学出版社，2016.

［14］ 韦峰．在历史中重构：工业建筑遗产保护更新理论与实践 [M]．北京：化学工业出版社，2015.

［15］ 郭吉超．昆明历史文化街区保护再生研究 [D]. 北京：北京建筑大学，2018.

［16］ 唐璐．历史商业街区的功能再生与改造设计研究 [D]. 厦门：华侨大学，2018.

［17］ 隋璐．工业历史环境下建筑共生设计的探讨 [D]. 南京：东南大学，2018.

［18］ 宋永伟．城市更新视角下历史街区的保护与再生 [D]. 邯郸：河北工程大学，2018.

［19］ 漆美娴．黎里古镇历史建筑保护与更新设计研究 [D]. 苏州：苏州大学，2018.

［20］ 宋振磊．岭南历史街区再生中延续地域性策略研究 [D]. 广州：华南理工大学，2017.

［21］ 郑昕亮．鼓岭度假区宜夏村的再生 [D]. 福州：福州大学，2017.

［22］ 康思晗．历史建筑的商业化再利用设计研究 [D]. 大连：大连理工大学，2017.

［23］ 乔恩·兰．城市规划设计 [M]. 沈阳：辽宁科学技术出版社，2017.

［24］ 董卫．城市规划历史与理论 [M]. 厦门：厦门大学出版社，2016.

［25］ 胡纹．城市规划概论 [M]. 武汉：华中科技大学出版社，2015.

［26］ 王克强，石忆邵，刘红梅．城市规划原理 [M]. 3 版．上海：上海财经大学出版社，2015.

［27］ 刘嘉茵．现代城市规划与可持续发展 [M]. 成都：电子科技大学出版社，2017.

［28］ 许昌和．城市规划中的文化遗产及历史建筑保护研究 [J]. 智能城市，2019，5（16）：136–137.

［29］ 姜淼．历史文化街区商业业态定量分析方法与比较研究 [D]. 北京：北京建筑大学，2019.

［30］ 孔祥波．京杭运河济宁段航运遗产滨水景观再生设计研究 [D]. 济南：山东建筑大学，2019.

［31］ "保护人类文化遗产的先驱"——梁思成 [J]. 群言，2018（11）：2.

［32］ 张苏姗．历史文化街区保护"平台"的重要性初探[D].广州：华南理工大学，2018.

［33］ 韩金涛．城市更新视角下的工业遗产再利用规划研究[D].大连：大连理工大学，2018.

［34］ 杨萍．城市更新过程中历史文化遗产保护研究[D].西安：西北大学，2018.

［35］ 陈凯媛．历史城镇类遗产的阐释与展示规划研究[D].北京：北京建筑大学，2018.

［36］ 阮仪三，李浈，林林．江南古镇历史建筑与历史环境的保护[M].上海：上海人民美术出版社，2010.

［37］ 贾鸿雁，张天来．中华文化遗产概览[M].南京：东南大学出版社，2015.

［38］ 王怀宇．历史建筑的再生空间[M].太原：山西人民出版社，2011.

［39］ 郭超．空间特征与历史功能关联角度的沙溪古镇价值判定研究[D].南京：东南大学，2018.

［40］ 邓楠．空间叙事引导下的田庄台古镇城市设计研究[D].沈阳：沈阳建筑大学，2018.

［41］ 胡博．山地大学教学区外部空间优化设计研究[D].重庆：重庆大学，2016.

［42］ 王梅．重庆地区山地条件下大学主入口景观设计研究[D].重庆：西南大学，2017.

［43］ 白亚萍．基于空间句法的成都旅游型小城镇公共空间特征研究[D].成都：西南交通大学，2018.

［44］ 曹芸嘉．基于空间句法的成都历史文化街区研究[D].雅安：四川农业大学，2016.

［45］ 大谷幸夫．城市空间设计12讲：历史中的建筑与城市[M].王伊宁，译.武汉：华中科技大学出版社，2018.

［46］ 许可．古村落与历史文化名城保护的关系研究[D].西安：西安建筑科技大学，2013.

［47］ 石磊．历史文化名城整体性保护的法治思考 [M]．北京：中国经济出版社，2018．

［48］ 张廷栖．保护与传承：南通文史文存 [M]．苏州：苏州大学出版社，2017．

［49］ 王合连．沈阳故宫清代一条街街景的保护与传承研究 [D]．沈阳：沈阳建筑大学，2018．